Flutter 开发入门与实践

周群一　琚洁慧　胡　洁　林志洁　著

ZHEJIANG UNIVERSITY PRESS
浙江大学出版社

图书在版编目（CIP）数据

Flutter开发入门与实践 / 周群一等著. — 杭州 ：
浙江大学出版社，2021.5
ISBN 978-7-308-21207-6

Ⅰ. ①F… Ⅱ. ①周… Ⅲ. ①移动终端－应用程序－
程序设计 Ⅳ. ①TN929.53

中国版本图书馆 CIP 数据核字（2021）第 054758 号

Flutter开发入门与实践

周群一　琚洁慧　胡　洁　林志洁　著

责任编辑	吴昌雷
责任校对	王　波
封面设计	续设计
出版发行	浙江大学出版社
	（杭州市天目山路148号　邮政编码310007）
	（网址:http://www.zjupress.com）
排　　版	杭州朝曦图文设计有限公司
印　　刷	杭州高腾印务有限公司
开　　本	787mm×1092mm　1/16
印　　张	14.75
字　　数	350千
版 印 次	2021年5月第1版　2021年5月第1次印刷
书　　号	ISBN 978-7-308-21207-6
定　　价	39.00元

前　言

　　Flutter 是 Google 推出并开源的移动应用开发框架,主打跨平台、高保真、高性能。2018 年 12 月,Google 发布了 Flutter 1.0 稳定版本。开发者可以通过 Dart 语言开发 App,将一套代码同时运行在 iOS 和 Android 平台,以及浏览器上。Flutter 提供了丰富的组件、接口,开发者可以很快地为 Flutter 添加 Native 扩展。同时 Flutter 还使用 Native 引擎渲染视图,这无疑能为用户提供良好的体验。

　　Flutter 优点主要包括:

　　•跨平台;

　　•开源;

　　•Hot Reload、响应式框架及其丰富的控件和开发工具;

　　•灵活的界面设计以及控件组合;

　　•借助可以移植的 GPU 加速的渲染引擎以及高性能 ARM 代码运行时已达到高质量的用户体验。

　　本书提供基于 Dart 2.x 版本和 Flutter 1.x 版本入门知识的讲解与实践练习。全书以一个完整的 Flutter 开发项目技术栈为主线,详细介绍 Flutter SDK 在各种平台的安装和配置方法,详细介绍 Flutter 开发语言 Dart 编程基础,包括变量、类型、流程控制、函数、运算符、异常、类、泛型、库、异步和注释等知识要点,详细介绍与分析 Flutter Widget 布局构建原理、UI 交互控制方法、路由导航与跨页传参方法、各种常见 Widget 状态和应用数据管理方法,以及 Flutter 框架 HTTP 协议和 JSON 解析等核心网络通信概念,最后阐述 Flutter 应用发布的流程。

　　虽然在 Windows 操作系统和 macOS 操作系统、Chrome OS 操作系统,以及谷歌未来的 Fuchsia 操作系统下,都可以进行 Flutter 开发,但是为了能够测试和验证 iOS 操作系统下的效果,建议读者在 macOS 下进行 Flutter 学习与开发。

　　学习 Flutter 需要有面向对象程序语言开发的基础,如 C++或 Java 等。同时,如果熟悉 HTML5、CSS3 相关技术,对于 Flutter 的布局知识学习则会有很大的帮助。

　　本书授课课时在 48 学时左右;全书提供大量的程序操作示意图和代码示例(可下载)可以帮助学生和初学者快速掌握知识点;核心章附各种常见问题分析与说明;每核心章都有实验安排,且关联性紧密;本书最后介绍目前比较流行的 Node.js 用于实现 Flutter 前端对应的后端服务,方便读者理解一个 App 完整的技术实现流程。

　　本书提供配套的在线技术网站支持,本书内的所有示例完整源代码、实验参考代码、勘误表、学习视频、最新技术点、技术交流等,都可以在 http://flutter.hixiaowei.com 网站上获得。另外,由于图书出版周期的原因,读者在拿到此书时,使用最新的 Dart 和 Flutter 版本运行本书的相关代码或项目,可能会存在部分错误或异常情况,本书也会在本网站上及时更新代码及提供相关说明或更正。

感谢杭州小为智能科技有限公司为本网站提供的免费技术支持。

感谢浙江科技学院数字媒体技术专业林志洁老师、琚洁慧老师对本书提出的宝贵意见。

感谢浙江科技学院数字媒体技术专业 2018 级吴晓颖、吴晨楠和 2019 级邬凌志、周樾等同学帮助本书完成大部分排版工作。

目　录

第1章

Android Studio 安装与配置

工欲善其事必先利其器，本章我们将介绍在 Flutter 安卓开发环境搭建过程中 Android Studio 的安装与配置，包括：

✔ Android Studio 安装

✔ Android Studio 配置

✔ Flutter 和 Dart 开发插件安装

✔ 安装常见问题

1.1　Android Studio 安装

支持 Flutter 开发的集成开发平台（IDE），包括 JetBrains 公司出品的 IntelliJ IDEA（2017.1 以后的 Community 或 Ultimate 版本）和 Android Studio，Microsoft 公司出品的 Visual Studio Code 等。因为 Flutter 本身基于跨平台设计，项目初始化时会自动生成 Android 相关的代码。本书推荐使用 Android Studio 来开发 Flutter 会更为便捷一些，如图 1-1 所示。

Android Studio 提供完整的 Flutter IDE 集成体验，最低版本要求为 3.0。截至 2020 年 9 月 23 日，Android Studio 最新正式版本为 4.1。

Android Studio 官方下载地址为：http://developer.android.com/studio。

国内引用下载地址为：http://www.androiddevtools.cn（该网站上还聚集了很多与 Android 程序开发相关的下载链接）。

JetBrains 包括 Android Studio 在内的一系列开发工具面向高校学生和教师提供了免费授权的版本。国内学生需要有一个以 edu.cn 结尾的邮箱，可以申请免费授权，取得免费授权后只需要使用相同的 JetBrains 账号就可以激活 JetBrains 的所有 IDE 产品，不再需要重复申请，具体操作可以查看 JetBrains 的官方中文说明（https://sales.jetbrains.com/hc/zh-cn/articles/207154369-学生授权申请方式）。

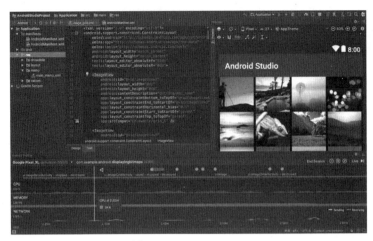

图 1-1　Android Studio

　　安装 Android Studio 前，读者需要预先安装 Java 开发者环境。Java 开发者环境可以到 Oracle 官网上下载安装，首先需要注册一个免费的 Oracle 账号。建议读者安装目前使用较为广泛的 JDK 8 的版本。根据 macOS 和 Windows 系统选择相应的版本进行下载安装，下载链接为 https://www.oracle.com/java/technologies/javase-jdk8-downloads.html，JDK 8 又分具体的版本号，读者可以选择最新的版本安装，如图 1-2 所示，选择 jdk-8u241 这个版本。

Java SE Development Kit 8u241

You must accept the Oracle Technology Network License Agreement for Oracle Java SE to
download this software.

○ Accept License Agreement　　　　　Decline License Agreement

Product / File Description	File Size	Download
Linux ARM 32 Hard Float ABI	72.94 MB	jdk-8u241-linux-arm32-vfp-hflt.tar.gz
Linux ARM 64 Hard Float ABI	69.83 MB	jdk-8u241-linux-arm64-vfp-hflt.tar.gz
Linux x86	171.28 MB	jdk-8u241-linux-i586.rpm
Linux x86	186.1 MB	jdk-8u241-linux-i586.tar.gz
Linux x64	170.65 MB	jdk-8u241-linux-x64.rpm
Linux x64	185.53 MB	jdk-8u241-linux-x64.tar.gz
Mac OS X x64	254.06 MB	jdk-8u241-macosx-x64.dmg
Solaris SPARC 64-bit (SVR4 package)	133.01 MB	jdk-8u241-solaris-sparcv9.tar.Z
Solaris SPARC 64-bit	94.24 MB	jdk-8u241-solaris-sparcv9.tar.gz
Solaris x64 (SVR4 package)	133.8 MB	jdk-8u241-solaris-x64.tar.Z
Solaris x64	92.01 MB	jdk-8u241-solaris-x64.tar.gz
Windows x86	200.86 MB	jdk-8u241-windows-i586.exe
Windows x64	210.92 MB	jdk-8u241-windows-x64.exe

图 1-2　Java 安装文件下载

　　安装文件下载后，直接运行安装程序，安装向导的每个界面都选择默认选项即可。JDK 安装界面如图 1-3 所示。

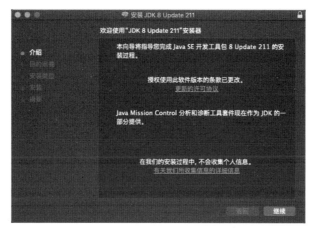

图1-3　JDK安装界面

注意JDK安装时，读者需要配置JAVA_HOME系统环境变量，JAVA_HOME指向JDK安装的目录。JDK安装成功后，读者可以在命令行终端模式下执行 java -version命令进行验证，如图1-4所示。如果能够显示java版本信息，则证明安装和配置正确。

```
MacBook-Pro:~ zhouqy$ java -version
java version "1.8.0_31"
Java(TM) SE Runtime Environment (build 1.8.0_31-b13)
Java HotSpot(TM) 64-Bit Server VM (build 25.31-b07, mixed mode)
```

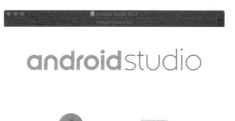

图1-4　Java安装验证

在macOS操作系统下Android Studio的安装，只需运行对应的.dmg后缀安装文件，然后把Android Studio.app文件拖动到应用程序(Applications)中即可，如图1-5所示。

图1-5　macOS下安装Android Studio

然后在应用程序中运行Android Studio.app，初次安装运行显示界面如图1-6所示。

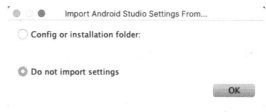

图1-6　macOS Android Studio 初次运行

如果之前安装过其他版本的 Android Studio(简称 AS),则会提示导入之前 AS 版本的配置,及删除老版本的一些遗留安装信息。

1.2 Android Studio配置

首次启动 Android Studio 时,会自动引导使用者安装最新版的 Android SDK,Android SDK Platform-Tools 以及 Android SDK Build-Tools,这些都是 Flutter 开发安卓应用所需要的。下面给出 Android Studio第一次启动时配置过程的一些主要页面(不同的 Android Studio版本提示不同)。

初次安装出现提示框如图1-7所示。

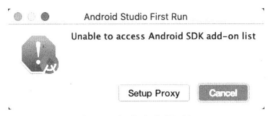

图1-7 初次安装提示框

选择Setup Proxy,进入如图1-8所示的代理设置界面。

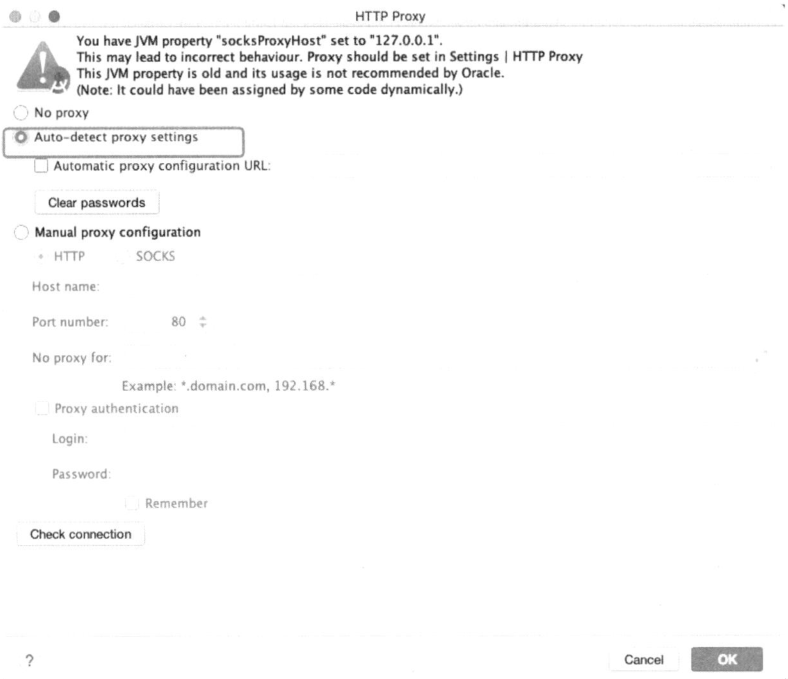

图1-8 代理设置

选择 Auto-detect proxy settings，点击 OK 后进入下一步，如图 1-9 所示。

图 1-9　安装向导 1

选择 Next，进入下一步，如图 1-10 所示。

图 1-10　安装向导 2

建议保持默认选项不变,选择 Next 进入下一步,选择主题 UI,如图 1-11 所示。

图 1-11　主题设置

有两种主题方案可以选,即 Darcula 黑色主题模式和 Light 白色主题模式,可以根据个人喜好进行选择,后期也可以在 Android Studio 设置里重新修改。点击 Next 进入下一步,确认安装内容的设置,如图 1-12 所示。

图 1-12　确认安装设置

可以预览这些准备要安装的组件,因为都是必须要安装的,选 Finish,然后开始下载组件,进行安装,如图 1-13 所示。

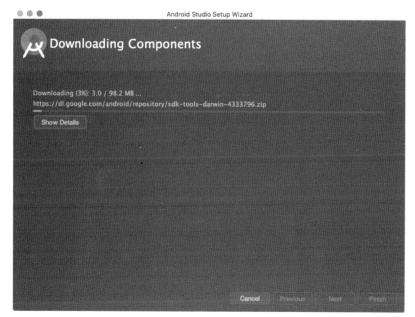

图 1-13　等待安装

经过比较长的一段等待,显示如图 1-14 所示的界面则表明 Android Studio 初始配置安装结束。

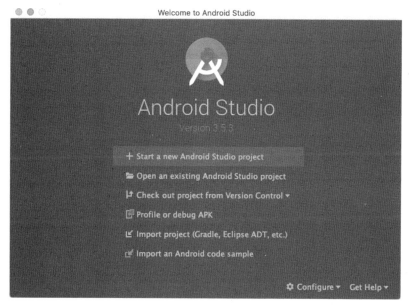

图 1-14　安装配置成功

如果我们在一开始时,没有选择安装配置 Android SDK 等,也可以在后期进行安装。具体方式是,在 macOS 下进入 Android Studio,选择 Preferences 菜单项(Windows 环境下对应为 Settings 菜单项),找到 Android SDK 配置项,如图 1-15 所示。

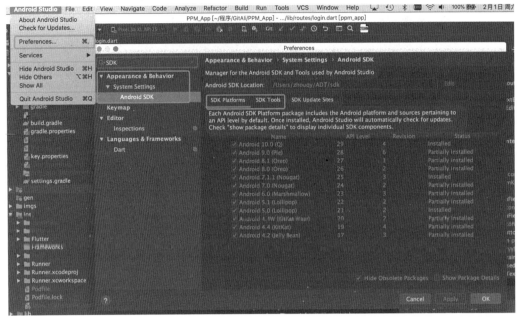

图 1-15　Android SDK 安装

　　SDK Platforms 可以选择最新的版本进行安装，如 Android 10.0（Q）API Level 29，其他几个版本可以根据读者自己的需要选择性安装。由于 SDK Platforms 比较占用存储空间，Android 5.0 之前的版本，建议就不要安装了，因为 Android 5.0 之前的版本安卓市场占有率很低。

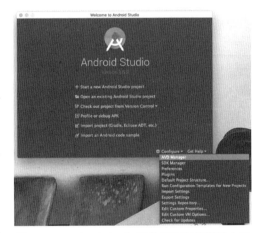

　　SDK Tools 必须安装的工具包有：

•Android SDK Build-Tools

•Android SDK Platform-Tools

推荐安装的工具包有：

•Android Emulator（同时可以选择 SDK Platforms，安装对应版本的 Intel 或 ARM 系统映像）

　　此外，Android SDK 也可以在启动 Android Studio 时，进入项目前，选择 Configure 菜单进行配置安装，如图 1-16 所示。

图 1-16　Android Studio 启动界面下的配置入口

1.3　Flutter 和 Dart 开发插件安装

　　安装支持开发相关的各类插件能够更好、有效地帮助程序员完成相关的开发工作。

Android Studio插件市场提供了与Flutter和Dart开发相关的一系列插件。

　　启动 Android Studio,在启动页面选择 Configure->plugin,或是进入 Android Studio,任意建立一个安卓新项目(Start a new Android Studio Project),打开 plugin preferences(macOS菜单 Preferences > Plugins;Windows 系统菜单 File > Settings > Plugins)。

　　选择 Marketplace 选项卡,分别输入 Flutter 和 Dart 关键字则安装对应的插件,安装后根据提示重启 Android Studio(Restart IDE)即可。插件市场搜索插件如图1-17所示。

图 1-17　插件市场搜索插件

插件安装成功后的显示状态如图1-18所示。

图 1-18　已安装插件

如果先安装 Flutter 插件时，则会自动安装它的 Dart 依赖插件，Dart 插件则不需要重复安装，如图 1-19 所示。

图 1-19　安装插件依赖提示

至此 Android Studio 安装和配置 Flutter 前期的工作基本都已经完成。读者可以自己花点时间熟悉一下 Android Studio 的其他菜单功能，另外，Android Studio 里有很多的图标隐喻，有兴趣的读者，可以到官方网站（https://www.jetbrains.com/help/idea/symbols.html）做进一步了解。

1.4　安装常见问题

安装插件时，会出现"Marketplace plugins are not loaded"提示，如图 1-20 所示。

图 1-20　无法加载插件

　　网络上关于这个问题的解决方案很多,但并不总能完美解决这个问题,此处就不一一展开论述了。

　　其中可能的一个原因是,Plugins 的安装是从 Android Studio 的欢迎界面的配置菜单进入的,如图 1-21 所示。读者可以尝试新建一个工程后,在 Android Studio 的 Preferences/Settings 菜单进入 Plugins 市场进行安装尝试。

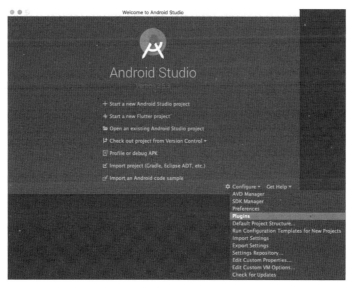

图 1-21　欢迎界面插件安装入口

　　如果不是读者本机网络配置和所在网络环境的问题,也可以使用以下的方法来安装插件:从 JetBrains 插件网站(https://plugins.jetbrains.com/)上选择 Stable(稳定)版本,且兼容 Android Studio,同时需要同读者当前安装的 Android Studio 的 build 版本号一致的最新插件版本,进行下载,如图 1-22 所示。下载的文件为 zip 压缩包的形式。

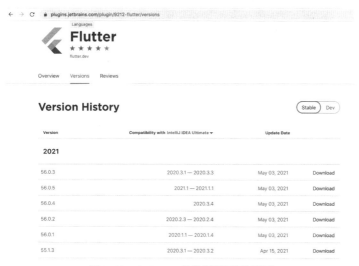

图 1-22　JetBrains 插件网站下载界面

然后，从 Android Studio 的 plugins 配置里选择 Install Plugin from Disk...，打开前面一步下载的 zip 文件即可。如图 1-23 所示。

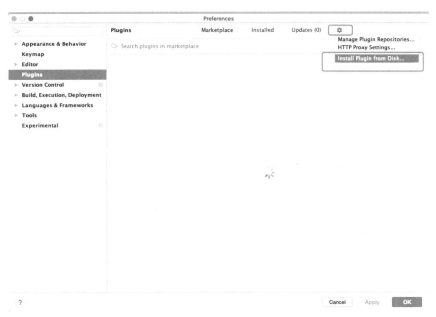

图 1-23   本地插件安装

在 Android 主菜单选择 About Android Studio，可以看到具体的 Android Studio 的 Build 版本号，如图 1-24 所示。

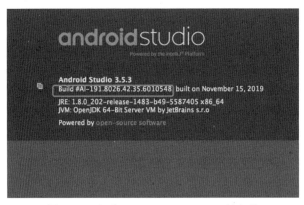

图 1-24   查看 Android Studio Build 版本号

第2章

Xcode 安装与配置

本章将介绍在 Flutter 苹果开发环境搭建过程中 macOS 系统的 Xcode 安装与配置，包括：

- ✔ 安装 Xcode
- ✔ 配置 Xcode 命令行工具
- ✔ 确认 Xcode license
- ✔ 安装 cocoapods

2.1 安装 Xcode

Flutter 需要在 iOS 环境中调试、运行和打包，依赖于安装苹果的 Xcode 软件。Xcode 需要在 macOS 系统上安装，截至 2020 年 10 月 20 日，Xcode 最新版本为 12.1。读者可以选择在苹果开发者网站（https://developer.apple.com/xcode/）下载 Xcode 安装文件或去苹果应用市场安装，无论哪种方式安装 Xcode，都首先需要有一个自己的 Apple ID，如图 2-1 所示。具体的申请注册流程可以浏览苹果官网（https://support.apple.com/zh-cn/apple-id）。

图 2-1　创建 Apple ID

图 2-2 为 macOS 系统的 App Store(苹果应用市场)的 Xcode 下载界面。

图 2-2　Xcode 苹果市场下载

2.2　配置 Xcode 命令行工具

安装 Xcode 软件后,继续执行以下命令,配置 Xcode command-line tools。

```
sudoxcode-select --switch /Applications/Xcode.app/Contents/Developer
sudoxcodebuild -runFirstLaunch
```

执行 sudo 命令时,需要输入 macOS 登录用户名的密码,且用户名具有管理员权限。
执行 xcodebuild -runFirstLaunch 命令时,会提示先确认 Xcode license。

2.3　确认 Xcode license

第 1 次打开 Xcode.app 时,需确保同意 Xcode license agreement,或运行命令 sudoxcodebuild -license 时,选择同意(agree)。如图 2-3 所示。

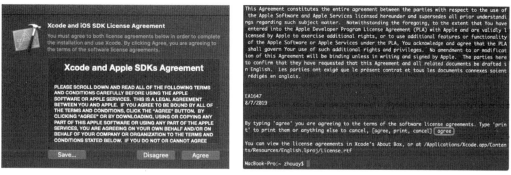

图 2-3　确认 Xcode license

Install components 后,出现如图 2-4 所示的界面,Xcode 安装和配置即成功了。

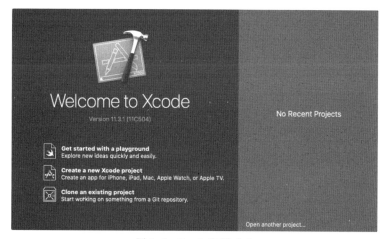

图 2-4　Xcode 安装成功

2.4　安装 CocoaPods

Flutter 使用 CocoaPods(https://cocoapods.org/)管理 Xcode 的项目依赖的第三方库,使用第三方库可以提高项目的开发效率。CocoaPods 是 iOS 开发、macOS 开发中的包依赖管理工具。安装 CocoaPods 可在终端模式下执行下列命令:

```
sudo gem install cocoapods
```

安装完成后,可以通过执行 pod --version,查看 CocoaPods 版本信息,如图 2-5 所示,即表明 CocoaPods 安装成功。

```
[ShewnTu@ShewnTudeiMac ~ % pod --version
1.8.4
```

图 2-5　查看 CocoPods 版本

　　至此，Xcode 的安装和基本配置就介绍完了。相对于 Android Studio 是编写和设计 Flutter 程序的 IDE，Xcode 则只是调试、打包 Flutter iOS 部分的 IDE，所以本章阐述相对简短一些。

第3章

macOS 环境下安装 Flutter

前面两章,我们介绍了 Flutter 的开发环境,接下来的两章,我们将介绍 Flutter SDK 的安装说明。本章将介绍 Flutter SDK 在 macOS 系统上的安装,本章的学习需要读者具有 macOS 操作系统的终端命令行的使用经验。本章要点为:

- ✔ 系统安装所需
- ✔ 下载 Flutter SDK
- ✔ 解压 Flutter SDK
- ✔ 将 Flutter 加入到系统环境变量
- ✔ Flutter 安装诊断
- ✔ Flutter SDK 更新
- ✔ 安装常见问题

3.1 系统安装所需

macOS 系统安装 Flutter SDK 的最低要求为:

操作系统:macOS(64位)

磁盘最小空间:2.8GB(不包括各种 IDE/tools 占用的磁盘空间)

以下命令行工具需保证可用:

(1)bash 或 zsh

(2)curl

(3)git 2.x(可选)

(4)mkdir

(5)rm

(6)unzip

(7)which

3.2 下载 Flutter SDK

截至 2020 年 10 月 31 日，最新的稳定版的 Flutter SDK 版本号为 1.22.3（https://storage. googleapis.com/flutter_infra/releases/stable/macos/flutter_macos_1.22.3-stable.zip）。macOS 操作系统下的各个稳定版本的下载地址为 https://flutter.dev/docs/development/tools/sdk/ releases。

由于网络原因的影响，在上述网站上下载 Flutter SDK 可能会比较慢。读者可以通过国内镜像链接进行下载（https://flutter.cn/community/china）。

3.3 解压 Flutter SDK

Flutter SDK 安装文件下载完毕后，在 macOS 终端（terminal.app）执行以下示例命令，以 v1.12.13+hotfix.7 版本为例：

```
cd  ~/development
unzip  ~/Downloads/flutter_macos_v1.12.13+hotfix.7-stable.zip
```

解压的目录需要选择英文路径，且不包含空格等特殊字符。

3.4 配置系统环境变量

系统环境信息保存在 rc 文件中配置成命令行脚本。对于 macOS Catalina，系统默认使用 Z shell，因此需要新建或编辑 $HOME/.zshrc 这个文件。

在终端模式下，使用 vi 命令编辑 .zshrc 文件，如图 3-1 所示。

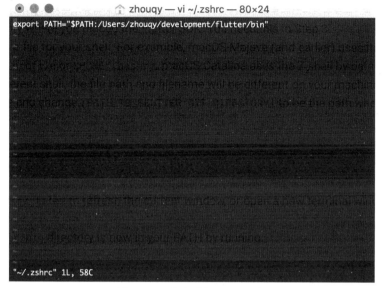

图 3-1　vi 命令编辑 .zshrc 文件

也可以使用其他的文本编辑软件，进入 $HOME 目录（$HOME 所在具体目录可以在终端执行 echo $HOME 输出观察），对 .zshrc 文件进行编辑或创建。具体编辑内容参考如下：

export PATH="$PATH:[PATH_TO_FLUTTER_GIT_DIRECTORY]/flutter/bin"

其中：[PATH_TO_FLUTTER_GIT_DIRECTORY] 部分为读者实际解压 Flutter SDK 文件所在的完整路径替代。

编辑完 .zshrc 文件后，PATH 环境变量设置并不会立即生效，需要运行 source $HOME/.zshrc 这个命令或重新打开终端。

验证 Flutter 全局路径是否配置成功，读者可以在新的终端窗口中执行以下命令：

which Flutter

如果有对应的 Flutter 安装路径输出，则表明 Flutter SDK 配置成功。

或者执行以下命令，观察路径中是否有 flutter 路径设置：

echo $PATH

注：不同的 macOS 版本，配置 PATH 环境变量的方式有多种，如 /etc/paths，读者可以自行在网络搜索学习。

3.5　Flutter 安装诊断

通过运行 flutter doctor 命令来诊断是否还存在未安装或未安装成功的 Flutter 开发所需的依赖选项,同时也会将缺少的依赖自动下载(例如,下载 DartSDK)。执行该命令时,诊断和更新速度可能会有些慢,请读者耐心等待。

例如,在编者的电脑上某次执行 flutter doctor 的结果如图 3-2 所示。

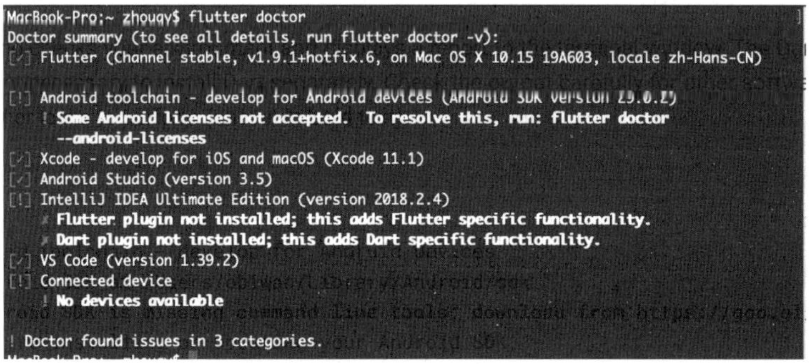

图 3-2　某次 flutter 安装诊断结果

从图 3-2 中可以看到发现了 3 类问题,只要按照提示分别进行处理即可,例如:

第 1 个问题,Some Android licenses not accepted,执行 flutter doctor --android-licenses,根据命令行提示,一路 y(确认)下去即可。如图 3-3 所示。

出现这种情况,可能是由于 Android Studio 在更新了版本的同时更新了新版的 Android SDK。

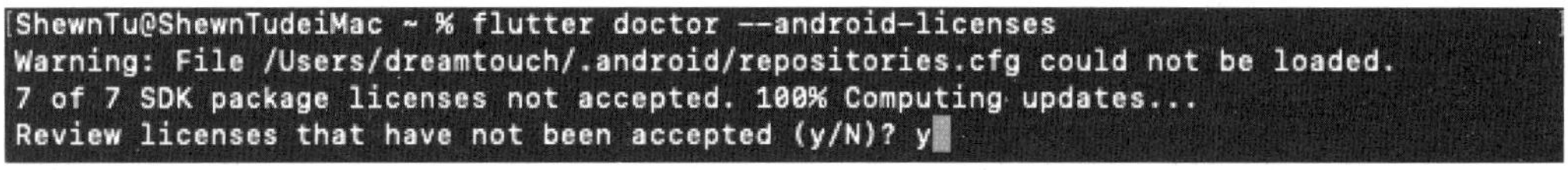

图 3-3　Android licenses 问题修复

第 2 个问题,IntelliJ IDEA 需要安装 Flutter plugin 和 Dart plugin,第 1 章提到过 IDEA 也可以用于 Flutter 开发,但编者个人倾向使用 Android Studio。所以对于第 2 个问题,可以选择忽略。当然,读者的电脑如果没有安装 IDEA 这个软件,也不会出现这样的错误提示。

第 3 个问题,属于警告类型,如果电脑没有链接任何移动终端或模拟器的话,则会有这样的提示,可以先忽略。

为了演示第 3 个问题的检测效果,编者启动一个 Xcode 的 iPhone 模拟器,重新运行 flutter doctor 后,可以看到如图 3-4 所示的输出,之前的修改已经生效。

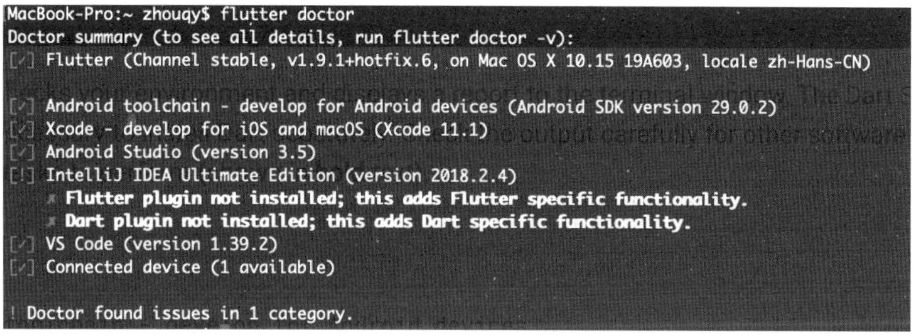

图3-4 无错误的诊断输出

3.6 Flutter SDK更新

细心的读者可以看到,我们前面运行Flutter提示的版本是v1.9.1,并不是最新版本。我们可以通过执行flutter upgrade命令将Flutter SDK更新为最新版本。如图3-5所示。

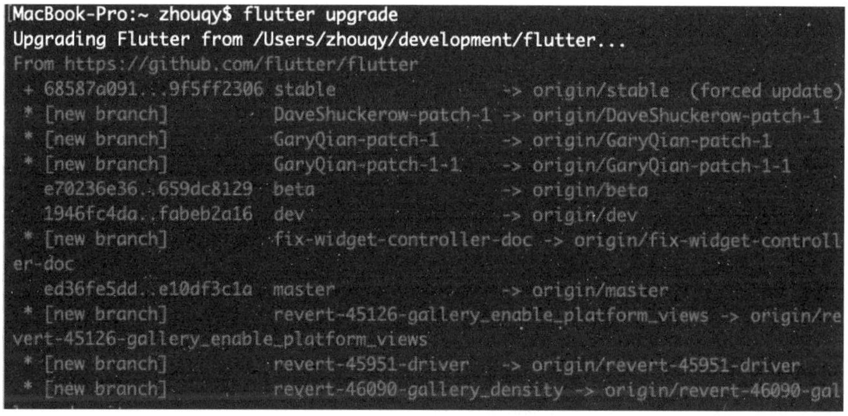

图3-5 更新Flutter SDK

再次运行flutter doctor可以看到更新后的版本信息,或运行flutter --version命令也可以观察flutter的版本信息。

有时候,使用最新的版本,即使是稳定版本,可能也会带来一些兼容性问题。因为与最新版本相关的开发环境或第三方插件并没有那么及时地同步更新。如果想回滚到之前的版本,如v1.9.1+hotfix.6,则可以执行下面这个命令:

```
flutter version v1.9.1+hotfix.6
```

3.7　Flutter SDK 安装常见问题

　　执行 source $HOME/.zshrc 命令，关闭终端后，再次打开终端，执行 which flutter，发现 flutter 路径更新并未生效。macOS Catalina 之前的操作系统，默认使用的是 bash，如图 3-6 所示。

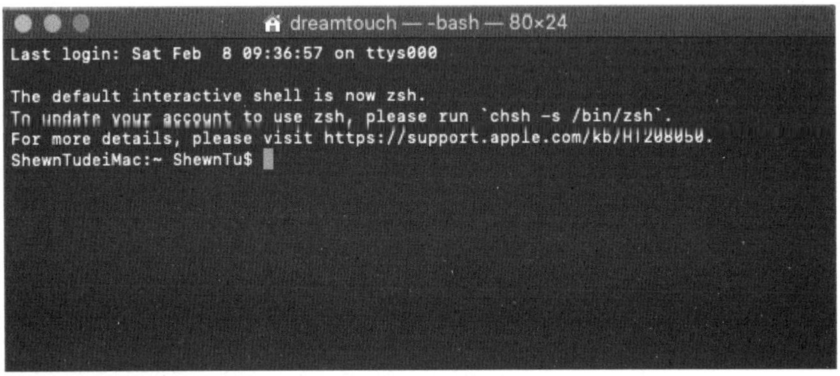

图 3-6　bash 终端

将 macOS 升级到 Catalina 版本后，执行以下命令更换 bash 类型：

```
chsh  -s  /bin/zsh
```

执行后重新打开终端，可以看到默认的 shell 已经改变为 zsh，如图 3-7 所示。

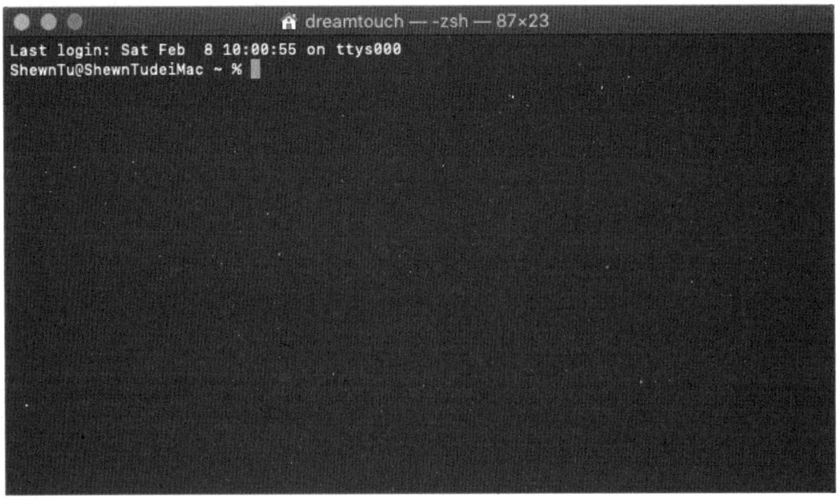

图 3-7　zsh 终端

第4章

Windows 环境下安装 Flutter

本章中,我们将介绍 Flutter SDK 在 Windows 系统上的安装,包括:

✔ 系统安装所需

✔ 下载 Flutter SDK

✔ 解压 Flutter SDK

✔ 将 Flutter 加入到系统环境变量

✔ Flutter 安装诊断

4.1 系统安装所需

Windows 系统安装最低要求:

操作系统:Windows 7 SP1 及后续版本(64位)

磁盘最小空间:400MB(不包括各种 IDE/tools 占用的磁盘空间)

以下命令行工具可用:

(1)Windows PowerShell 5.0(可选);

(2)Git for Windows 2.x(可选)。

4.2 下载 Flutter SDK

截至 2020 年 10 月 31 日,最新的稳定版的 Flutter SDK 版本号为 1.22.3(https://storage. googleapis.com/flutter_infra/releases/stable/windows/flutter_windows_1.22.3-stable.zip)。 Windows 操作系统各个稳定版本下载链接为:https://flutter.dev/docs/development/tools/sdk/ releases。

4.3　解压 Flutter SDK

　　解压安装 zip 文件到本地目录,如 D:\development,解压的目录选择英文路径,且不包含空格等特殊字符,也不要选择 C:\Program Files\这样需要安装权限的目录。同时建议不要安装在 C 盘,因为随着 Flutter 项目使用,会有第三方依赖程序包缓存在 Flutter 安装目录下。

4.4　配置系统环境变量

　　将解压路径(如,D:\development\flutter\bin)添加到 PATH 系统环境变量中。Windows 环境变量可以在计算机的高级系统设置的环境变量属性里进行设置,这个操作比较常规,此处不再赘述。

4.5　Flutter 安装诊断

　　通过运行 flutter doctor 命令来诊断是否还存在未安装或未安装成功的 Flutter 开发所需的依赖选项。

　　具体示例读者可参见第 3 章 3.5 节,问题及解决方法一致,此处不再赘述。

第 5 章

Hello World

本章中,我们将开始写第一个简单的 Flutter 程序"Hello World",并尝试在各种类型的设备上运行,包括:

- ✔ 创建一个 Flutter App
- ✔ 安卓设备运行 App
- ✔ 热重载
- ✔ 苹果设备运行 App
- ✔ Flutter 项目结构
- ✔ 安卓模拟器
- ✔ 常见问题

5.1　创建一个 Flutter App

根据前面几章 Flutter SDK 正确安装以及在 Android Studio 正确配置 Flutter Plugins 插件后,启动 Android Studio 可以看到如图 5-1 所示的界面:

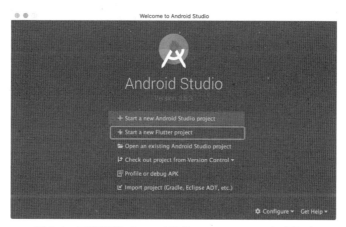

图 5-1　可以新建 Flutter 工程的 Android Studio 启动界面

选择 Start a new Flutter project，然后在如图 5-2 所示的界面中选择 Flutter Application，进行创建。

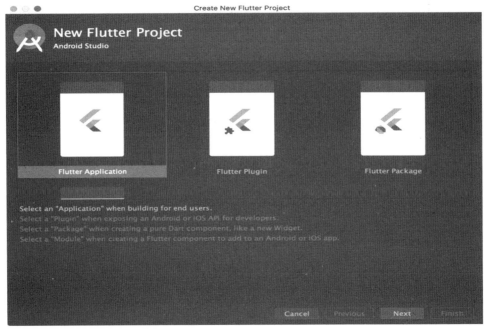

图 5-2   Flutter project 创建方式 1

也可以进入 Android Studio 后，选择 File->New->New Flutter Project，进行创建，如图 5-3 所示。

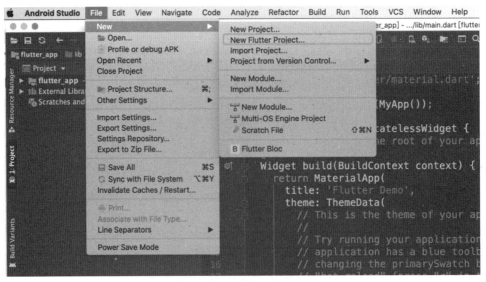

图 5-3   Flutter project 创建方式 2

选择默认的 Flutter Application，出现如图 5-4 所示的界面：

图 5-4 Flutter Application 界面

对应填写和确认相应的栏目后，选择 Next，然后在如图 5-5 所示界面的 Company domain 内中填写一个倒序域名，如 dmt.zust.edu.cn，用于生成 Flutter 项目的包名（Package name）。保持其他默认选项，建议不要勾选 Include Kotlin support for Android code 和 Include Swift support for iOS code 两个复选框：

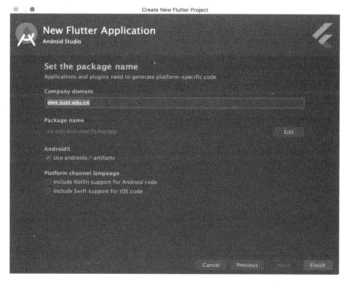

图 5-5 域名填写与配置选择

点击 Finish,稍等片刻后,一个 Flutter 项目就建立好了,如图 5-6 所示。

图 5-6　一个新建好的 Flutter 项目

5.2　在安卓设备运行 Flutter App

简单起见,可以在电脑 USB 口接入一台安卓真机,链接前需要在开发者选项里设置安卓手机 USB 调试可用。一般设置的方法是:在安卓设备 4.2 及更高版本上找到【设置】->点击【关于设备】->找到【系统版本号】并连续敲 7 次-> 返回【设置】点击【开发人员选项】->打开 USB 调试模式。

首次链接设备时,安卓设备上一般会有弹框授权是否允许 USB 调试,如图 5-7 所示,选择始终允许即可:

图 5-7　USB 调试授权界面

链接成功后,可以在如图5-8所示的框选区域(target selector)内看到安卓手机型号:

图5-8　检测到安卓物理设备

点击绿色三角箭头(Run),将运行我们刚才新建的第一个Flutter程序,如图5-9所示,可以看到程序运行各个过程提示,第一次运行时可能会需要多等待一些时间,用于Flutter项目依赖项的下载与同步:

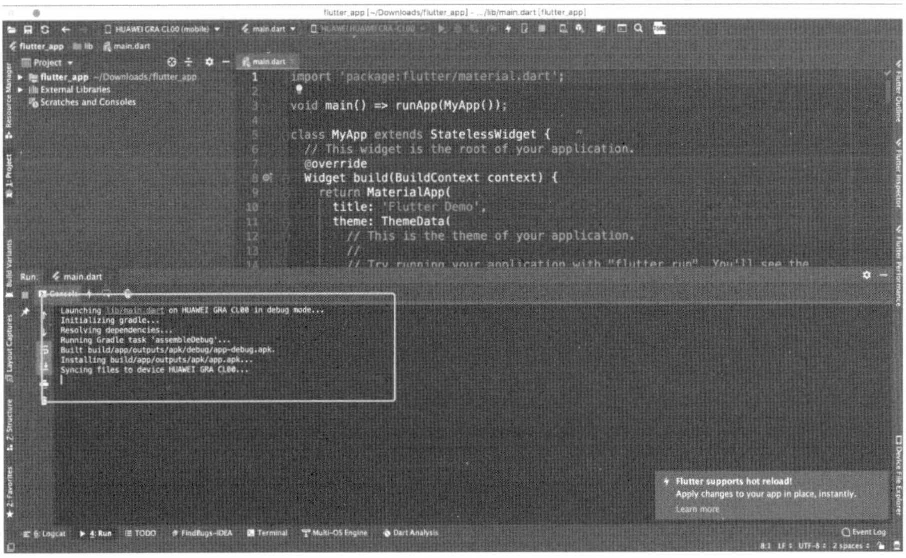

图5-9　Flutter程序构建与运行

安卓真机实际运行效果如图5-10所示,注意界面的右上角有个DEBUG字样,表示项目运行在调试模式下。

图5-10　安卓真机实际运行效果

5.3　热重载

Flutter 提供一种不需要应用重新启动，修改代码可以实时生效的热重载功能。

（1）保持 App 程序不退出状态，打开 lib\main.dart 文件，如图 5-11 所示。

图 5-11　main.dart 文件

（2）将第 95 行 'You have pushed the button this many times：' 改为 '你可以多次点击按钮 '。

（3）点击工具栏保存按钮，（macOS 快捷键：•+S，Windows 快捷键：Ctrl+S），可以立即看到真机运行界面生效，如图 5-12 所示。

图 5-12　热重载时真机运行界面

可以观察到如图5-13所示的 Android Studio控制台热重载过程提示。

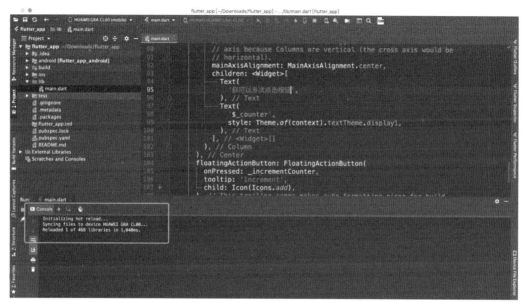

图5-13　Android Studio控制台热加载过程提示

5.4　苹果设备运行App

将苹果手机通过USB连接电脑,选择信任电脑。在Android Studio里选择连接的苹果设备,运行Flutter App,首次运行时会提示"No valid code signing certificates were found",如图5-14所示,因为苹果项目需要设置一个iOS开发证书和配置文件(Provisioning Profile):

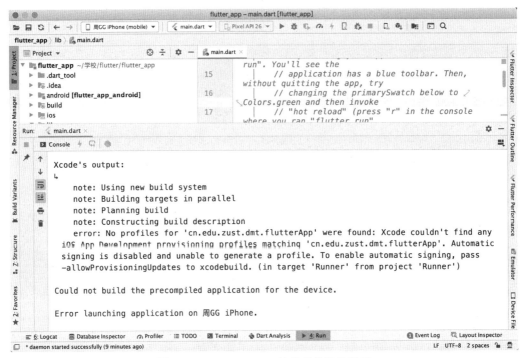

图 5-14　Android Studio 链接苹果设备提示

根据图 5-14 提示，使用 Xcode 打开 Flutter 项目下的 ios/Runner.xcworkspace，项目界面如图 5-15 所示。

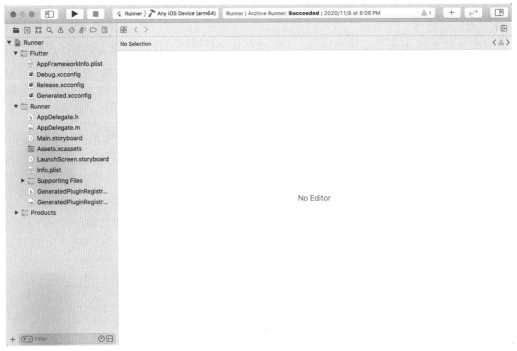

图 5-15　Xcode 项目工作台

如图5-16所示,选择到Signing&Capabilities选项卡下(非General下):

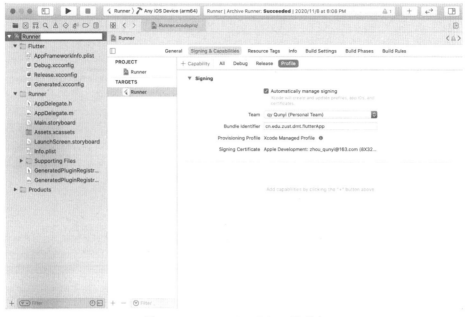

图 5-16　Signing&Capabilities 选项卡

点击 Add Account...,输入之前创建的 Apple ID 和密码,选择 Role 为 User 类型的 Team,如图 5-17 所示,个人 Apple ID 都有此类型。如果是企业开发者账号,Role 角色选择为 Member 类型。

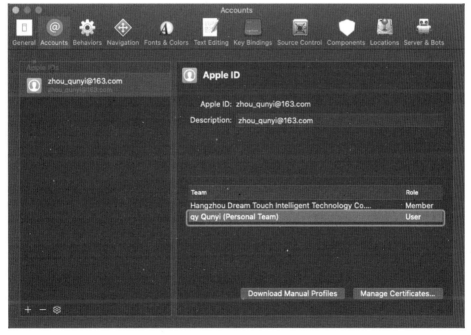

图 5-17　Add Account

关闭上面界面的窗口，则可以看到Signing Certification显示正常，如图5-18所示。

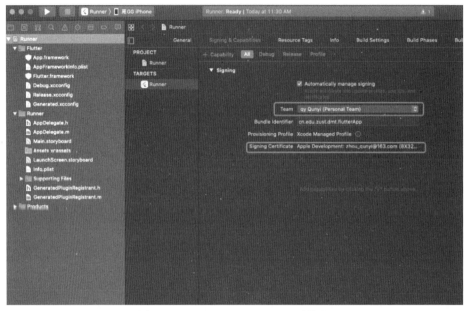

图5-18　Signing Certification显示信息

在Xcode中执行Product->Run，如果弹出如图5-19所示的界面，则输入macOS系统登录密码，选择始终允许，如果该窗口弹出多次，则都选择始终允许即可。

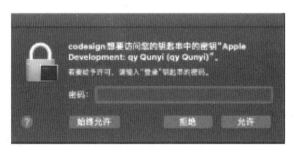

图5-19　密钥访问始终允许

Xcode运行项目时会提示一些Warnings，读者可以忽略。或者根据Xcode提示执行执行Product->Clean Build Folder，可以清理部分Warnings，如图5-20所示。

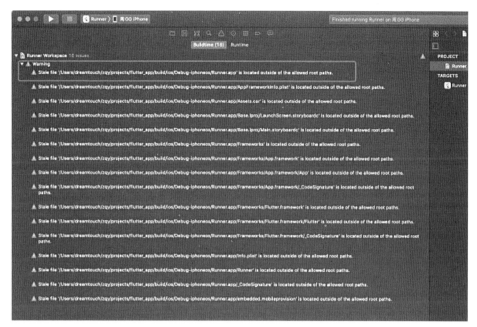

图 5-20　Xcode 运行时 Warnings 提示

执行 Run 时,保持苹果设备不要处于锁屏状态,Run 完成后会弹出如图 5-21 所示的界面,需要进一步验证操作。

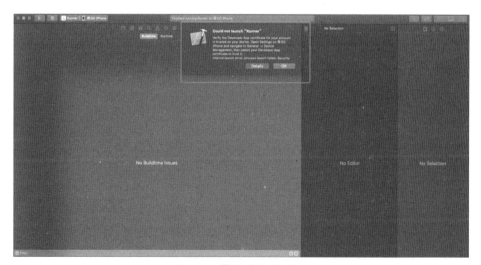

图 5-21　苹果手机验证提示

根据弹框信息提示,在苹果手机上依次做如图 5-22 所示的设置。

图 5-22   苹果手机信任操作

然后再次在 Xcode 执行 Run，可以看到 Flutter App 已经安装在苹果手机上并正确执行，显示效果同安卓真机效果，如图 5-23 所示。

图 5-23   苹果真机运行效果

关闭 Xcode，使用 Android Studio 打开 Flutter 项目运行，同样可以看到苹果手机的运行效果，同上一致，此时控制台输出信息如图 5-24 所示。

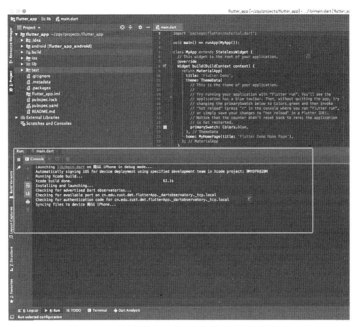

图 5-24　苹果设备运行时的控制台输出信息

注:需要始终保持苹果设备有一个已经认证安装过的 Flutter App,这样可以避免苹果设备重复设置个人开发证书信任。

5.5　Flutter 项目结构

编译运行后的项目基本结构如图 5-25 所示。

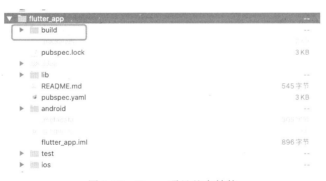

图 5-25　Flutter 项目基本结构

其中,build 目录是运行时生成的临时文件夹,占用了整个项目大部分存储空间,备份或 git 提交代码时,build 文件夹是没有必要上传的。另外一些不需要提交的文件和文件夹有:

•.dart_tool/

•.packages

•.pubspec.lock

•.ios/Flutter/App.framework

•.ios/Flutter/Flutter.framework

如果使用的是 JetBrains 公司的 IDE，.idea/目录也不需要提交。

完整的不需要提交的文件清单，读者可以参见官方提供的 .gitigore 说明，地址为：https://github.com/flutter/flutter/blob/master/.gitignore

5.6　安卓模拟器

在 Windows 操作系统下，手头没有安卓真机的读者，可以使用 Android Studio 自带的模拟器（Emulator）。也可以安装第三方模拟器软件，如 Genymotion（https://www.genymotion.com/），下载及使用 Genymotion 可以参考这篇文章介绍（https://juejin.im/post/5e3d321b518825491d320b6d）。

macOS 操作系统下，没有真机的读者，直接使用 Xcode 的模拟器（Simulator）会比较方便一些。

Android 模拟器对系统配置要求比较高，除了需要满足 Android Studio 的基本系统要求之外，还需要满足下述其他要求：

•SDK Tools 26.1.1 或更高版本；

•64 位处理器；

•Windows：支持无限制访客的 CPU；

•HAXM 6.2.1 或更高版本（建议使用 HAXM 7.2.0 或更高版本）。

要在 Windows 操作系统上还需要满足以下其他要求：

•在 Windows 上搭载 Intel 处理器情况下：

Intel 处理器需要支持 Intel VT-x、Intel EM64T（Intel 64）和 Execute Disable（XD）Bit 功能。

•在 Windows 上搭载 AMD 处理器情况下：

需要 Android Studio3.2 或更高版本以及支持 Windows Hypervisor Platform（WHPX）功能的 2018 年 4 月发布的 Windows 10 或更高版本。

创建和管理安卓模拟器虚拟设备操作比较简单，这里不就展开描述了。如果有疑问，读者可以参考安卓开发者网站的官方说明。

5.7 常见问题

运行Flutter项目出现任何问题时,读者不妨先在命令行模式下运行flutter doctor命令,根据运行输出提示修复相应的错误。即使之前flutter doctor检测都是通过的,但随着使用环境的变化,还是有可能再次出现错误的。下面我们给出实际使用过程中常见的一些错误及解决方法供读者参考。

(1)错误提示:Flutter SDK path not given,如图5-26所示。

图5-26 Flutter SDK path not given

读者可以检查下系统环境变量,PATH设置里是否有正确指向flutter的安装目录;或者是在界面的Flutter SDK path一栏进行人工选择,或进入Android Studio里进行全局设置,如图5-27所示。

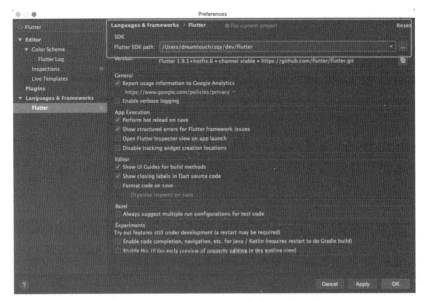

图5-27　Flutter SDK全局设置

（2）错误提示：The flutter SDK installation is incomplete，如图5-28所示。

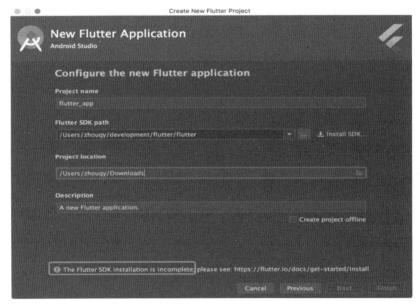

图5-28　The flutter SDK installation is incomplete

执行flutter doctor进行诊断，或者使用flutter upgrade命令重新更新下载。

（3）错误提示：Could not resolve io.flutter:flutter_embedding_debug，如图5-29所示。

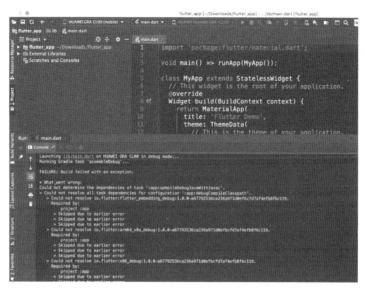

图 5-29 Could not resolve io.flutter:flutter_embedding_debug

可能是 flutter 版本稳定性问题，可以考虑回退到上一个稳定版本，如 flutter 1.9。
（4）错误提示：User rejected permission，如图 5-30 所示。

图 5-30 User rejected permission

第一次运行时，需要读者在安卓手机上，人工授权同意信任电脑链接使用。
（5）错误提示：Gradle Sync Issues：Read timed out，如图 5-31 所示。

图 5-31 Gradle Sync Issues：Read timed out

或运行时卡死程序没有响应，显示类似如图 5-32 所示的界面。

图 5-32 运行卡死界面

由于 Gradle 源在国外,同步下载依赖项目比较慢,读者可以考虑更换为国内阿里镜像服务地址。更新 android 文件夹下的 build.gradle 文件(注:不是 android/app build.gradle 文件)。

将以下代码片段:

```
repositories {
        google( )
        jcenter( )

    }


allprojects {
        repositories {
                google( )
                jcenter( )

        }
```

更新为:

```
repositories {
        maven {
            url ' https://maven.aliyun.com/repository/google '
        }
        maven {
            url ' https://maven.aliyun.com/repository/public '
        }
        maven {
            url ' https://maven.aliyun.com/repository/jcenter '
        }
    }

allprojects {
    repositories {
        maven {
            url ' https://maven.aliyun.com/repository/google '
        }
```

```
    maven {
        url ' https://maven.aliyun.com/repository/public '
    }
    maven {
        url ' https://maven.aliyun.com/repository/jcenter '
    }
}
```

(6)错误提示:Minimum supported Gradle version is ....,如图5-33所示。

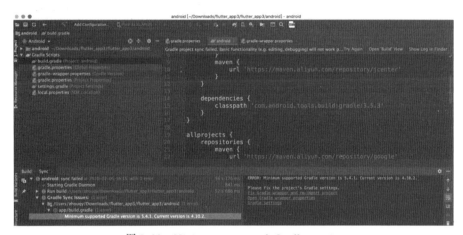

图5-33　Minimum supported Gradle version

可以打开File->Project Structure检查,如图5-34所示。

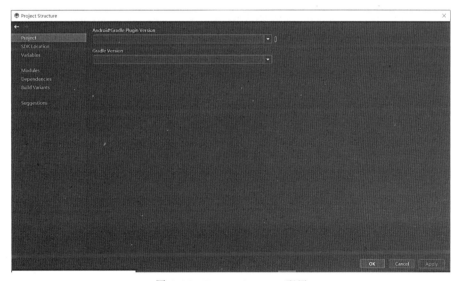

图5-34　Project Structure配置

发现Gradle没有正确配置好。可关闭当前项目,再执行File->Open,打开当前项目下的Android目录,可以看到如图5-35所示的界面。

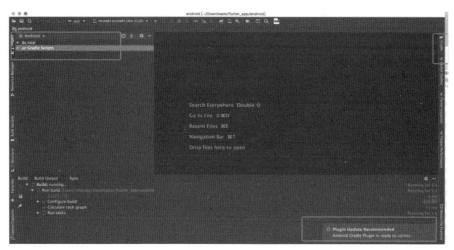

图5-35 Android项目结构

然后,点击最右侧的Gradle Sync重新同步构建。如同步成功,关闭当前项目,重新打开之前的Flutter项目即可。

也可以通过如图5-36所示的方式打开Android项目部分。

图5-36 Flutter项目内切换为Android项目

(7)错误提示:unable to find valid certification path to required target。

在网上可以搜索到很多解决方法,但不一定可以解决这个问题。读者可以参考https://blog.csdn.net/qq_44370123/article/details/104208878。

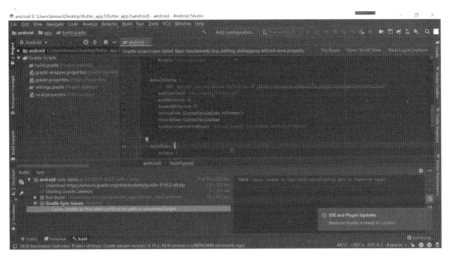

图5-37　unable to find valid certification path to required target

（8）错误提示：Waiting for another flutter command to release the startup lock...

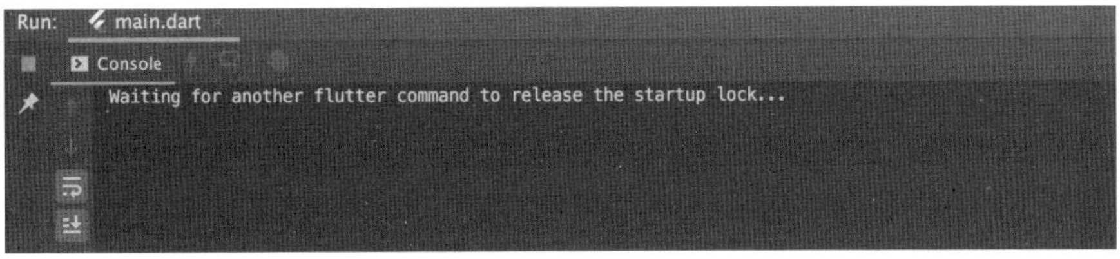

图5-38　Waiting for another flutter command to release the startup lock

　　这个错误比较常见,大多是由于某些异常操作,导致前一个flutter命令没有执行完毕,又执行了新的flutter命令。读者可以到Flutter安装目录下手工删除flutter/bin/cache/lockfile这个文件。lockfile文件大小为0字节,只是用于标记作用。

5.8　实验一

　　根据本章5.1节的操作过程,创建一个hello world程序,然后删除无用的文件,将整个项目压缩成一个zip文件,保证zip文件大小不能超过500Kb,且可以在另外一台电脑上打开正常运行。

5.9　扩展知识:关于Gradle

　　Gradle是Flutter项目构建时用到的工具。初学者常常遇到因为Gradle相关配置不对,导致新项目或第三方项目无法运行的情况,所以我们专门增加本节对 Gradle 进行较为完整地描述说明。

　　Gradle 是专注于灵活性和性能的开源构建自动化工具。Gradle 构建脚本是使用 Groovy 或 Kotlin DSL(Domain-Specific Language,领域特定语言)编写的。Gradle 支持许多主要的 IDE,包括 Android Studio、Eclipse、IntelliJ IDEA、Visual Studio 2019 和 XCode。

　　如果只想运行现有的 Gradle 构建,那么如果构建中有 Gradle Wrapper,则可以通过构建根目录中的 gradlew(macOS 操作系统下)或 gradlew.bat(Windows 操作系统下)文件进行识别,无需安装 Gradle。默认新建立的 Flutter 项目都会有这个文件,如图 5-39 所示,项目使用 Gradle 4.10.2 版本进行构建,读者也可以手工修改这个文件版本信息。

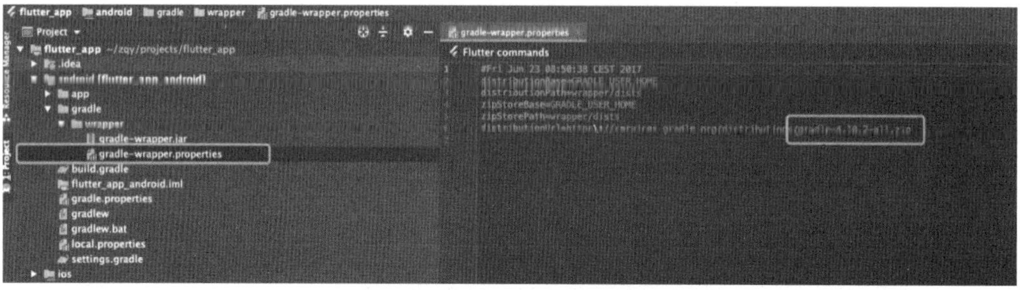

图 5-39　Gradle Wrapper 文件

　　Android Studio 构建系统以 Gradle 为基础,并且 Android Gradle 插件添加了几项专用于构建 Android 应用的功能。虽然 Android 插件通常会与 Android Studio 的更新步调保持一致,但插件(以及 Gradle 系统的其余部分)可独立于 Android Studio 运行并单独更新。且 Android Gradle 插件可以在 Android Studio 的 File > Project Structure > Project 菜单中指定插件版本,也可以在顶级 build.gradle 文件中进行指定。该插件版本适用于在相应 Android Studio 项目中构建的所有模块。如图 5-40 显示的 Gradle 插件的版本为 3.2.1,读者同样也可以手工修改这个文件版本信息。

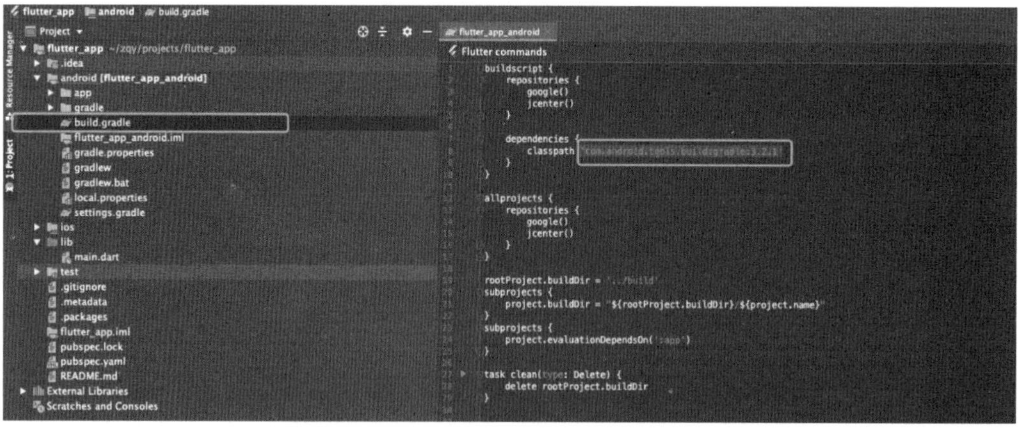

图 5-40　Gradle 插件版本信息

　　读者需注意观察此处的 build.gradle 文件在项目结构中的位置,因为在同级的 app 目录下,也有一个同名的 build.gradle 文件,千万不要混淆。如果指定的插件版本尚未下载,则 Gradle 会在下次构建项目时自动进行下载;或者,读者也可以在 Android Studio 菜单栏中依次点击 Tools > Android > Sync Project with Gradle Files 进行下载。

虽然可以手工修改 Gradle 版本和 Gradle 插件版本,但并不意味可以随意修改任意的版本号,我们修改它们的版本信息时应该要考虑以下因素:

- 选择稳定的版本进行更新,并不是版本越新越好;
- 尽量保持新项目默认使用的版本信息。

从老的项目升级过的项目,更新版本信息后,可能需要修改 app/build.gradle 的内容,因为新版相对于之前版本的语法和用法可能是不兼容的,具体要根据 Android Studio 构建时给出的提示进行对应修改。

Android Gradle 插件版本跟 Gradle 版本之间有对应关系,有时需要将这两个版本信息同时修改,它们的对应关系如图 5-41 所示。

插件版本	所需的 Gradle 版本
1.0.0–1.1.3	2.2.1–2.3
1.2.0–1.3.1	2.2.1–2.9
1.5.0	2.2.1–2.13
2.0.0–2.1.2	2.10–2.13
2.1.3–2.2.3	2.14.1+
1.3.0+	3.3+
3.0.0+	4.1+
3.1.0+	4.4+
3.2.0–3.2.1	4.6+
3.3.0–3.3.2	4.10.1+
3.4.0–3.4.1	5.1.1+
3.5.0+	5.4.1–5.6.4

图 5-41　Gradle 插件和 Gradle 版本对应关系

Android Gradle 插件版本跟 Android SDK Build-Tools 也有对应关系,如 Android Gradle 插件 3.5.0 需要 SDK Build-Tools 28.0.3 或以上的版本,如图 5-42 所示。

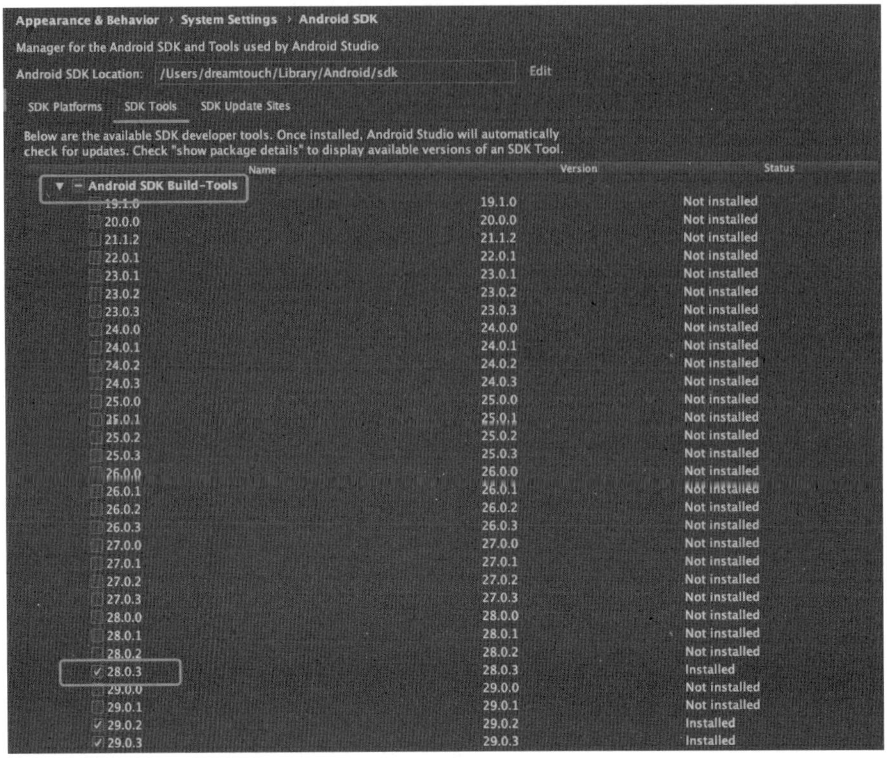

图 5-42　Android SDK Build-Tools 版本

　　Android Studio 对 Android Gradle 插件最小版本也是有要求,根据 Android Studio 提示进行修改,然后同步即可。

第6章

Hello Widget

本章中,我们将完成一个稍复杂一些的初级项目 Hello Widget,包括:

✔ 创建一个 StatelessWidget

✔ 创建一个 StatefulWidget

✔ 创建一个新页面跳转

✔ Visual Studio Code 之 Hello Dart

在这一章,我们建议读者先对照 Flutter 官方文档编写第一个 Flutter 应用(https://flutter.cn/docs/get-started/codelab),完成一个稍微复杂一些的初级项目,我们暂且叫它 Hello Widget。该项目功能是:为一个创业公司生成建议的公司名称。用户可以选择和取消选择的名称、保存喜欢的名称。该代码一次生成十个名称,当用户滚动时,会生成一批新名称。

官方示例步骤已经非常详细,本章只是对官方示例代码的一些细节进行补充说明,方便读者进一步理解,系统的学习还需要阅读后续的章节。

6.1 创建一个 StatelessWidget

一个简单的 StatelessWidget 应用代码片段如图 6-1 所示,Flutter 主要是基于 Dart 语言的开发框架。

```
1   // Copyright 2018 The Flutter team. All rights reserved.
2   // Use of this source code is governed by a BSD-style license that can be
3   // found in the LICENSE file.
4
5   import 'package:flutter/material.dart';
6
7   void main() => runApp(MyApp());
8
9   class MyApp extends StatelessWidget {
10    @override
11    Widget build(BuildContext context) {
12      return MaterialApp(
13        title: 'Welcome to Flutter',
14        home: Scaffold(
15          appBar: AppBar(
16            title: Text('Welcome to Flutter'),
17          ), // AppBar
18          body: Center(
19            child: Text('Hello World'),
20          ), // Center
21        ), // Scaffold
22      ); // MaterialApp
23    }
24  }
```

图 6-1   StatelessWidgetDart 代码片段

第 5 行 package 表明依赖于项目外部库,比如此处是依赖于我们之前已经安装过的 Flutter SDK。除了 package 之外还有其他库类型,如核心库 dart。

第 7 行语法 => 表达式是 {return 表达式;} 的简写,=> 有时也称之为胖箭头语法。它等同于以下代码:

```
void  main(){
    return runApp(MyApp());
}
```

第 16 行等价于 title:new Text(' Welcome to Flutter '),Dart2 的构造函数 new 关键字可以省略。

Widget 描述了它们的视图在给定其当前配置和状态时应该看起来像什么。当 widget 的状态发生变化时,widget 会重新构建 UI,Flutter 会对比前后变化的不同,以确定底层渲染树从一个状态转换到下一个状态所需的最小更改。

每个 Flutter 项目的根目录,都有一个 pubspec.xml 文件。pubspec.yaml 文件是用 YAML 语法编写的配置文件,如图 6-2 所示。YAML 人机可读性强,YAML 的官方描述为:YAML is a human friendly data serialization standard for all programming languages。(https://yaml.org/)

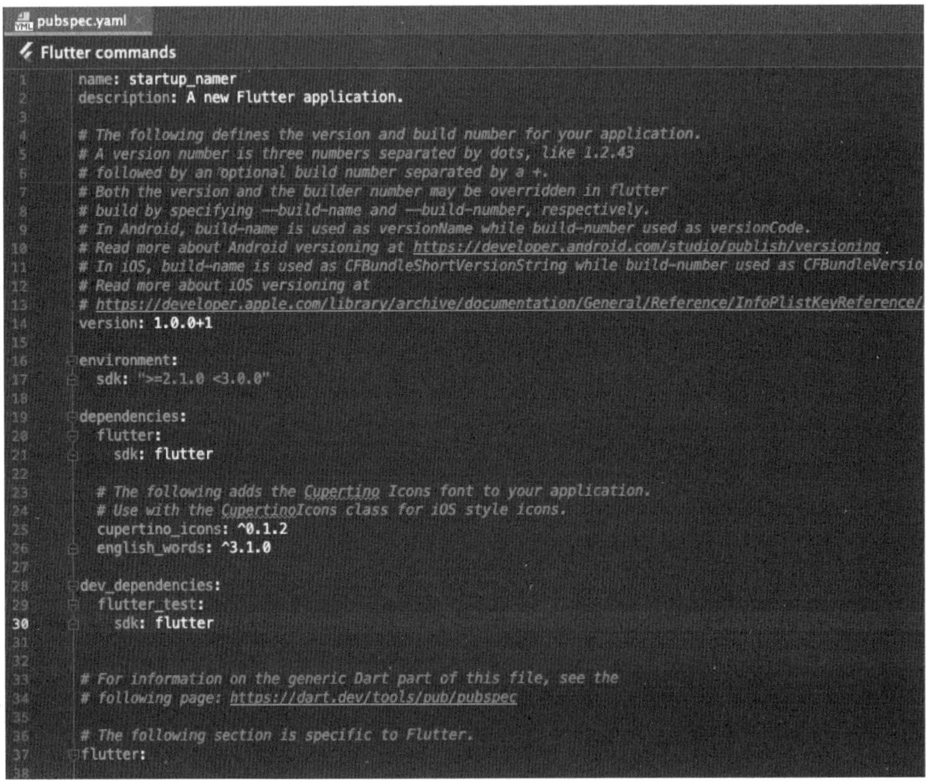

图 6-2　pubspec.yaml 文件

　　第26行^表示的是一种Caret语法版本约束管理,^3.1.0表示english_words依赖包>=
3.1.0且<4.0.0的版本都是功能兼容的;具体应用哪个版本号,我们可以在pub.dev(https://
pub.flutter-io.cn/)上查看,如图6-3所示。

图6-3　pub.dev网站

　　可以看到english_words最新版本是3.1.5(截至2018年11月21日),所以我们将第26
行改为english_words:^3.1.5,也是等价的。实际上,我们可以看到即使不修改成3.1.5,构
建生成的pubspec.lock文件中生成的english_words也是在Caret语法约束下的3.1.5最新
版本,如图6-4所示。

```
 1  # Generated by pub
 2  # See https://dart.dev/tools/pub/glossary#lockfile
 3  packages:
 4    async:
 5      dependency: transitive
 6      description:
 7        name: async
 8        url: "https://pub.dartlang.org"
 9      source: hosted
10      version: "2.3.0"
11    boolean_selector:
12      dependency: transitive
13      description:
14        name: boolean_selector
15        url: "https://pub.dartlang.org"
16      source: hosted
17      version: "1.0.5"
18    charcode:
19      dependency: transitive
20      description:
21        name: charcode
22        url: "https://pub.dartlang.org"
23      source: hosted
24      version: "1.1.2"
25    collection:
26      dependency: transitive
27      description:
28        name: collection
29        url: "https://pub.dartlang.org"
30      source: hosted
31      version: "1.14.11"
32    cupertino_icons:
33      dependency: "direct main"
34      description:
35        name: cupertino_icons
36        url: "https://pub.dartlang.org"
37      source: hosted
38      version: "0.1.3"
39    english_words:
40      dependency: "direct main"
41      description:
42        name: english_words
43        url: "https://pub.dartlang.org"
44      source: hosted
45      version: "3.1.5"
46    flutter:
47      dependency: "direct main"
```

图6-4　pubspec.lock文件

我们对照官方示例增加了一些业务逻辑代码,如图6-5所示。

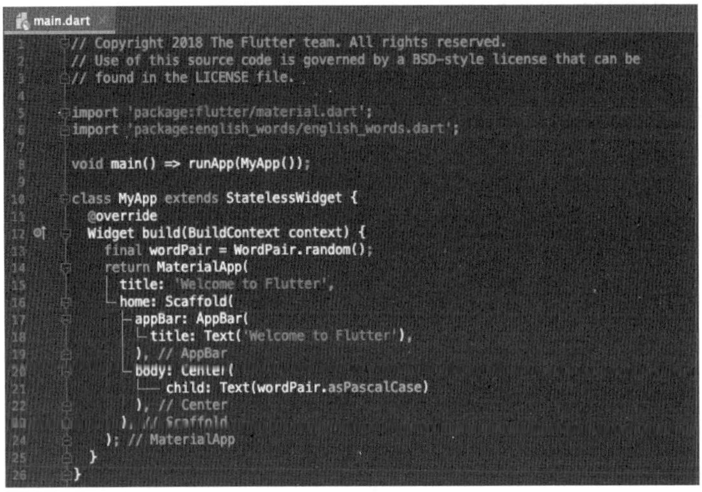

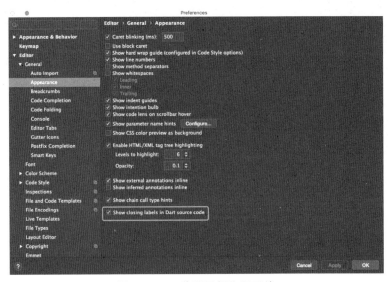

图6-5 Hello Widget代码片段

第13行final关键字表示变量的值只能被设置一次。

WordPair类的使用方法,如random()方法,可以从pub.dev网站的english_words的APIreference栏目里查看到详细使用方法(https://pub. flutter-io. cn / documentation / english_words/latest/)。

尽管Dart是强类型语言,但是在声明变量时指定类型是可选的,因为Dart可以进行类型推断。所以第13行的等价写法为:

final WordPair wordPair=WordPair.random()。

第19行//Appbar注释是Android Studio默认自动生成的,方便括号作用域阅读。如果读者不喜欢这个效果的话,可以在设置里关闭它,如图6-6所示。

图6-6 Dart代码尾部注释开关

> ✔ 试一试
>
> 　　查看 WordPair 用法，尝试把 Hello　Widget 示例中的 UpperCamelCase 改成 lowerCamleCase 形式的，即首字母小写，后续单词首字母大写的形式，如 shuZiMeiTi。

6.2　创建一个 StatefulWidget

　　为了实现更复杂一些的功能，我们需要创建一个 StatefulWidget，如图 6-7 所示。

```dart
// Copyright 2018 The Flutter team. All rights reserved.
// Use of this source code is governed by a BSD-style license that can be
// found in the LICENSE file.

import 'package:flutter/material.dart';
import 'package:english_words/english_words.dart';

void main() => runApp(MyApp());

class MyApp extends StatelessWidget {
  @override
  Widget build(BuildContext context) {
    return MaterialApp(
      title: 'Welcome to Flutter',
      home: Scaffold(
        appBar: AppBar(
          title: Text('Welcome to Flutter'),
        ), // AppBar
        body: Center(
          child: RandomWords(),
        ), // Center
      ), // Scaffold
    ); // MaterialApp
  }
}

class RandomWordsState extends State<RandomWords> {
  @override
  Widget build(BuildContext context) {
    final wordPair = WordPair.random();
    return Text(wordPair.asPascalCase);
  }
}

class RandomWords extends StatefulWidget {
  @override
  RandomWordsState createState() => RandomWordsState();
}
```

图 6-7　StatefulWidgetDart 代码片段

　　第 20 行 RandWords 构造函数内部会立即调用第 37 行 createState 函数。

　　第 37 行 RandomWordsState( )内部会调用第 29 行 build 函数。

　　第 27 行如果将 State<RadomWords>改为 State<StatefulWidget>，读者可以发现运行效

果是一样的。因为目前的功能还比较简单,泛型类型的作用还没有体现出来。

观察这些示例代码片段,读者可以发现,类的命名都是名词性的,采用PascalCase命名规则,变量命名都是名词性的,采用camelCase命名规则,方法命名都是动词性的,采用camelCase命名规则。使代码易于管理的方法之一是加强代码一致性,让任何程序员(包括你自己)都可以快速读懂你的代码,这点非常重要。

我们继续增加一些业务逻辑代码如图6-8所示。

```
/.../
import 'package:flutter/material.dart';
import 'package:english_words/english_words.dart';

void main() => runApp(MyApp());

class MyApp extends StatelessWidget {
  @override
  Widget build(BuildContext context) {
    return MaterialApp(
      title: 'Startup Name Generator',
      home: RandomWords(),
    ); // MaterialApp
  }
}

class RandomWordsState extends State<RandomWords> {
  final _suggestions = <WordPair>[];
  final _biggerFont = const TextStyle(fontSize: 18.0);
  @override
  Widget build(BuildContext context) {
    return Scaffold(
      appBar: AppBar(
        title: Text('Startup Name Generator'),
      ), // AppBar
      body: _buildSuggestions(),
    ); // Scaffold
  }

  Widget _buildSuggestions() {
    return ListView.builder(
      padding: const EdgeInsets.all(16.0),
      itemBuilder: (context, i) {
        if (i.isOdd) return Divider();

        final index = i ~/ 2;
        if (index >= _suggestions.length) {
          _suggestions.addAll(generateWordPairs().take(10));
        }
        return _buildRow(_suggestions[index]);
      }); // ListView.builder
  }
  Widget _buildRow(WordPair pair) {
    return ListTile(
      title: Text(
        pair.asPascalCase,
        style: _biggerFont,
      ), // Text
    ); // ListTile
  }
}
class RandomWords extends StatefulWidget {
  @override
  RandomWordsState createState() => RandomWordsState();

}
```

图6-8   StatelfulWidgetDart详细代码片段

第21行 <WordPair>[]等价于new List<WordPair>(),读者可以理解为生成一个元素类型为WordPair的集合。

第22行final和const都可以表示常量;一个const变量是一个编译时常量(const变量

同时也是final）。一个类的实例变量可以是final，但不可以是const，final实例变量必须在构造器开始前被初始化。const关键字不仅仅可以用来定义常量，还可以用来创建常量值，该常量值可以赋予任何变量。也可以将构造函数声明为const的，这种类型的构造函数创建的对象是不可改变的，如此处的const　TextStyle。

第22行fontSize:18.0为初始化TextStyle构造函数指定的命名参数的赋值的写法形式。

第36行EdgeInsets.all(16.0)表示ListView小组件上下左右四个方向的内边距都是16。

第42行generateWordPairs()函数是来自于english_words库里的函数。考虑可读性和可维护性，我们可以为引入的库起一个别名，如Words，这样就可以改写成Words.generateWordPairs()的形式，也方便代码智能提示功能。相应的几处修改，如图6-9框选部分所示。

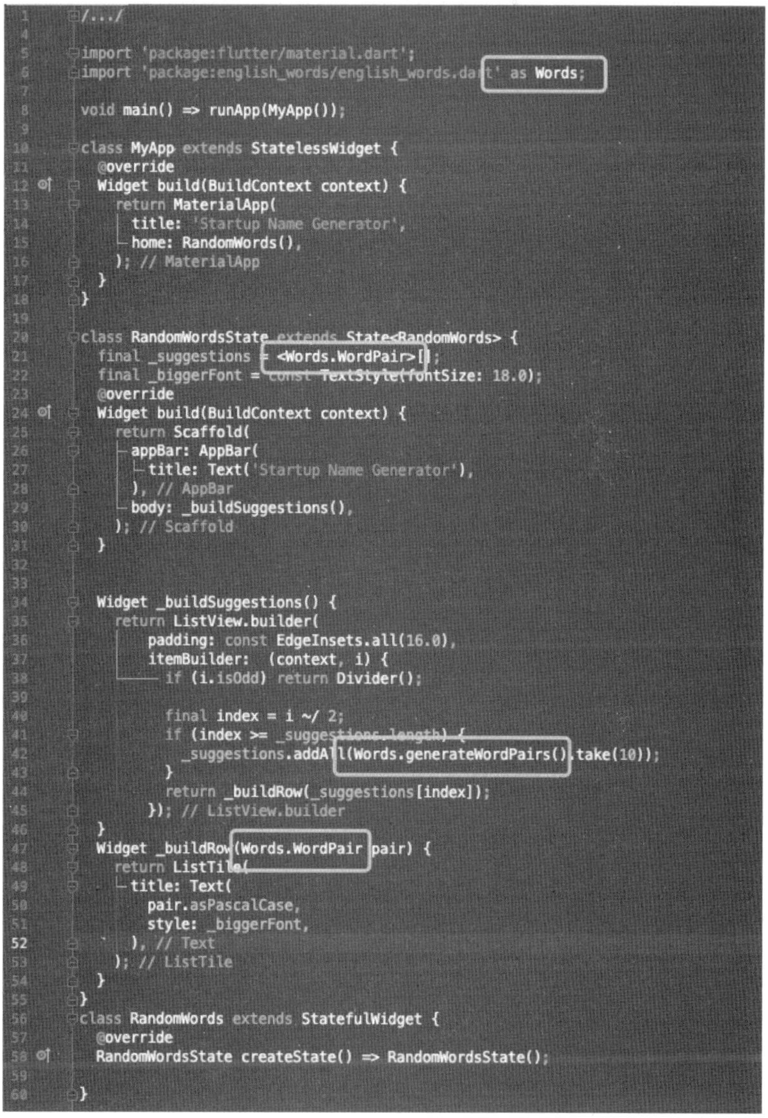

图6-9　使用引用库别名

✔ 试一试

前面示例代码 main.dart 无修改的完整版本链接为：https://gist.githubuser-content.com/Sfshaza/d6f9460a04d3a429eb6ac0b0f07da564/raw/6c4c0b476fd5d584f e0704314703653eff8eca2d/main.dart，读者可以尝试进行修改列表的文本前景色都为红色。

提示：选中 TextStyle，右键弹出菜单，然后选择 Declaration，看看可以发现什么，如图 6-10 所示。

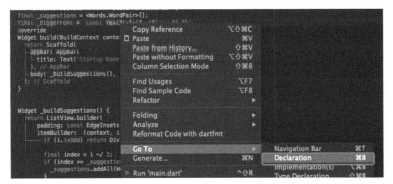

图 6-10　Declaration 快捷菜单

6.3　创建一个新页面跳转

新页面跳转的完整代码，参见 https://gist.githubusercontent.com/Sfshaza/a95ff8ed04730 73197d28437c8d68492/raw/6fb529524047c8c093cb6212dfb66635202ba272/main.dart，跳转最核心代码是 Navigator.of（context）.push，我们在后续的章节中还会讲到。我们对其中的部分代码展开讲解。

图 6-11 所示的代码展示了 ListTile 小组件的用法，第 68 行 Icons 是 Flutter Widget 内置对象，Flutter 内置的图标集，如图 6-12 所示，官方地址为 https://material.io/resources/icons/?style=baseline。

```
59    Widget _buildRow(WordPair pair) {
60      final bool alreadySaved = _saved.contains(pair);
61
62      return new ListTile(
63        title: new Text(
64          pair.asPascalCase,
65          style: _biggerFont,
66        ), // Text
67        trailing: new Icon(
68          alreadySaved ? Icons.favorite : Icons.favorite_border,
69          color: alreadySaved ? Colors.red : null,
70        ), // Icon
71        onTap: () {
72          setState(() {
73            if (alreadySaved) {
74              _saved.remove(pair);
75            } else {
76              _saved.add(pair);
77            }
78          });
79        },
80      ); // ListTile
81    }
```

图 6-11　ListTile 小组件

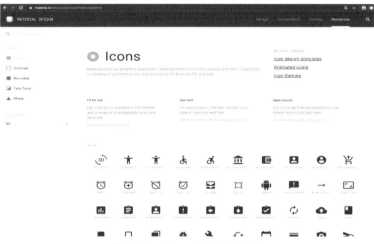

图 6-12　Flutter 内置的图标集

　　第 72 行 setState 的作用是告诉框架去重绘 ListView　Widget，也就是会再次调用到第 59 行 _buildRow 函数。

```
87    final Iterable<ListTile> tiles = _saved.map(
88        (WordPair pair) {
89          return new ListTile(
90            title: new Text(
91              pair.asPascalCase,
92              style: _biggerFont,
93            ), // Text
94          ); // ListTile
95        },
96    );
```

图 6-13　Iterable 用法

　　图 6-13 展示了 Iterable 的用法，第 87 行 Iterable<ListTile> 表示按序访问 ListTile 元素的集合。Iterable 可迭代对象的元素通过 Iterator 来访问，该迭代器使用 iterator 的 getter 方法来获取值，并且可使用迭代器对所有值进行单步遍历。

　　第 87 行到第 96 行这段代码的意思是遍历 _saved 对象每一个元素 pair，生成一个可选代对象 ListTile。等价功能的代码类似下面的写法：

```
final Set<ListTile> tiles=new Set<ListTile>();
for (int i=0;i<_saved.length;i++){
    ListTilelt=new ListTile(
     title: new Text(
       _saved.elementAt(i).asPascalCase,
        style: _biggerFont,
      ),
    );
    tiles.add(lt);
}
```

6.4 实验二

在本章代码的基础上，尝试实现下面动图链接的页面返回效果：https://user-gold-cdn.xitu.io/2020/2/10/1702e2f343378fb4?imageslim

提示：返回上一个页面可以使用 Navigator.of(context).pop()。

第7章

Hello Dart

本章中，我们将学习如何使用各种 IDE 或开发环境来编译和运行同样的一个 Dart 程序，包括：

- ✔ Android Studio 之 Hello Dart
- ✔ WebStorm 之 Hello Dart
- ✔ IntelliJ IDEA 之 Hello Dart
- ✔ Visual Studio Code 之 Hello Dart
- ✔ DartPad 之 Hello Dart
- ✔ 命令行之 Hello Dart

7.1 Android Studio 之 Hello Dart

我们可以使用 Android Studio 编译和运行 Dart 程序，第 5 章 Hello Flutter 和第 6 章 Hello Widget 工程已经这么做了。本章，我们再写一个纯粹一点的 Hello Dart。

在 Android Studio 中，我们找不到类似 New Flutter Project 的 New Dart Project 这样的菜单项，因为我们现在要创建的还不是一个 Project 类型的 Dart 项目。读者尝试把 flutter_app 项目中的 lib\main.dart 代码都注释掉，然后写入以下代码，跟大多数编程语言一样，每个 Dart 应用都应有一个 main() 函数。

```
void main() {
    print( ' Hello，Dart! ' );
}
```

此时，运行项目，读者会发现真机或模拟器上没有任何的输出，但也没有任何报错信息。这是因为，我们此时运行的 main.dart 被默认配置成 Flutter 项目类型。我们需要配置成命令行模式的 Dart 应用。参照图 7-1，在弹出的菜单中选择 Edit Configurations...。

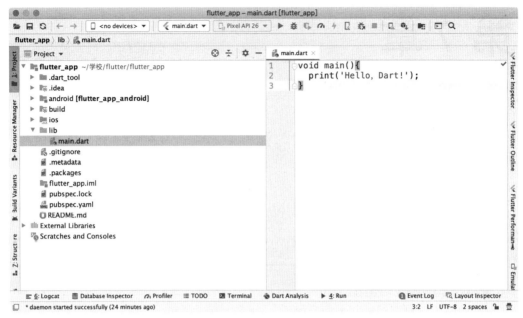

图 7-1   Edit Configurations 菜单

点击'+'号，选择 Dart Command Line App 类型，如图 7-2 所示。

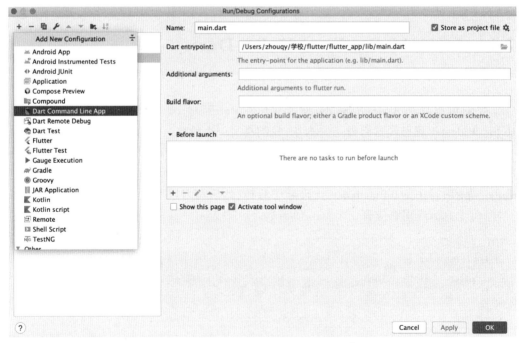

图 7-2   Dart Command Line App 配置类型

在 Dart File 处选择 lib/main.dart 文件，如图 7-3 所示，因为已有默认配置文件名 main.dart，所以我们这里可以新取个名字，如 main_command.dart。

图7-3　重新命名文件

选择main_command.dart配置后,运行程序,读者可以看到在Android Studio的Run窗口内有"Hello, Dart"的输出,如图7-4所示。

图7-4　运行后的"Hello,Dart"输出

Run窗口内同时还有一条警告信息:"Warning:Interpreting this as package URI, 'package:fltter_app/main.dart'",因为配置的运行的是lib/main.dart文件路径方式,而Dart是以URI方式引用加载库文件的,所以此处会有这样的一个警告。对我们目前程序并没有什么影响,此时可以忽略。

前面我们使用Android Studio运行了一个Hello Dart,让人感觉有种杀鸡用牛刀的感觉,接下来我们再介绍其他几种运行Dart命令行应用的方式。

7.2　WebStorm之Hello Dart

安装JetBrains WebStorm时,可以选择安装Dart插件,如图7-5所示

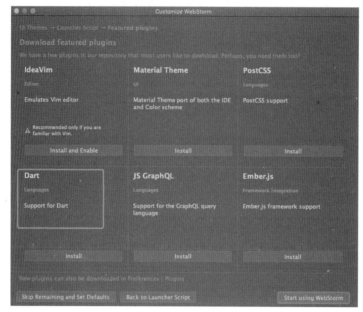

图 7-5　安装 Dart 插件

　　如果安装时没有选择，则如同 Android Studio 一样，后续可以在插件市场里安装，如图 7-6 所示。

图 7-6　在插件市场里安装 Dart 插件

　　重启 WebStorm，New Project 时选择 Dart 项目类型，可能会存在以下警告："the Dart SDK home does not exist."，如图 7-7 所示。

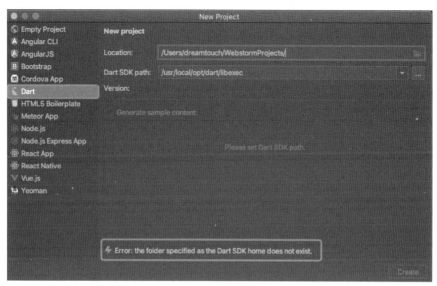

图7-7 "the Dart SDK home does not exist."警告

　　读者只需要从之前安装的Flutter SDK的目录中选择子目录bin/cache/dart-sdk即可，建议去掉Generate sample content选项（该选项会生成一个Flutter的Web类型程序示例），如图7-8所示。

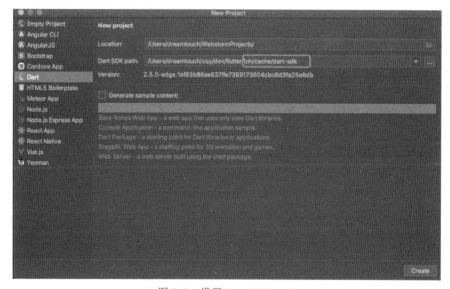

图7-8 设置Dart SDK path

　　读者也可以在WebStorm里全局设置Dart SDK Path，如图7-9所示。

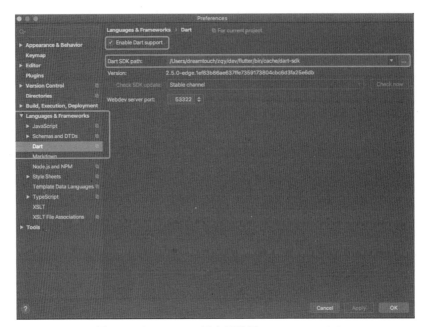

图 7-9 在 WebStorm 里全局设置 Dart SDK Path

  右击选择新建一个 Dart File，添加到前面建立的空工程里，如图 7-10 所示。同 7.1 节，写上一段 Hello Dart 代码。

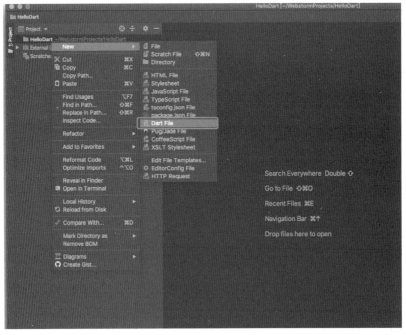

图 7-10 新建一个 Dart File

  同在 Android Studio 里一样，配置运行项为 Dart Command Line App 类型，如图 7-11 所示。

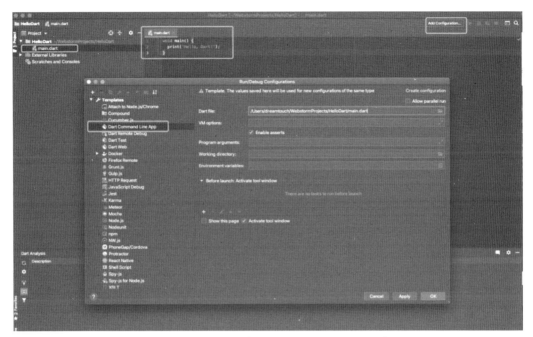

图 7-11　配置运行项为 Dart Command Line App 类型

点击 Run 运行项目，可以看到 Run 控制台输出 Hello，Dart!，如图 7-12 所示。

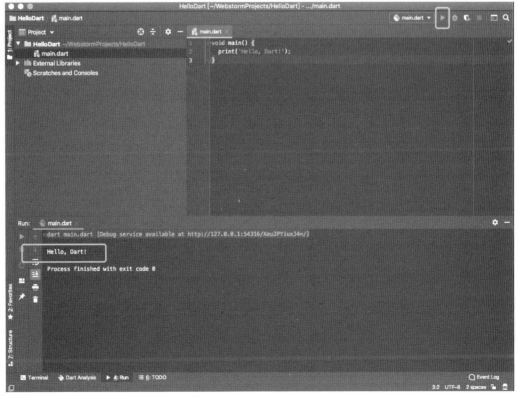

图 7-12　WebStorm 控制台输出

7.3　IntelliJ IDEA 之 Hello Dart

使用 JetBrains IntelliJ IDEA 建立和运行一个 Dart 项目的步骤类似于 WebStorm 环境，毕竟它们都是 JetBrains 公司的全家桶系列，使用方式上都是通用的，下面以 IDEA Edu（教育免费版）为例，主要过程如图 7-13 至图 7-16 所示，感兴趣的读者可以自行尝试。

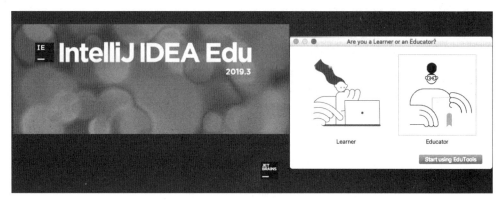

图 7-13　选择使用身份

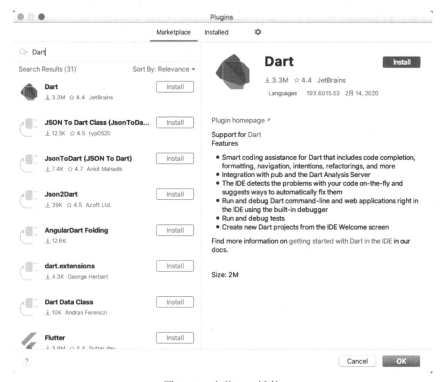

图 7-14　安装 Dart 插件

图 7-15　配置 Dart SDK path

图 7-16　运行 Dart 程序

7.4　Visual Studio Code 之 Hello Dart

以 Visual Studio Code 1.42.1 版本为例，如图 7-17 所示，我们建立和运行一个 Hello Dart 程序。

图 7-17　Visual Studio Code 版本信息

Extensions 选择安装 Dart，如图 7-18 所示。

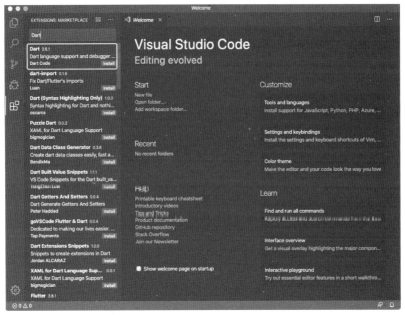

图 7-18　安装 Dart 应用扩展

新建一个文件夹，文件夹内新建 main.dart 文件，Visual Studio Code 根据后缀 dart 类型会智能关联 Flutter SDK，可以看到图 7-19 最底部的版本信息（Flutter 1.9.1+hotfix.6）。

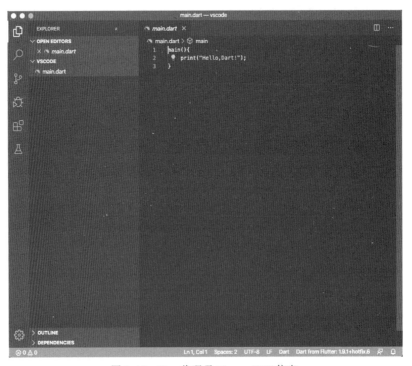

图 7-19　Dart 代码及 Flutter SDK 信息

第一次运行程序时，Visual Studio Code会自动生成launch.json配置文件，如图7-20所示。

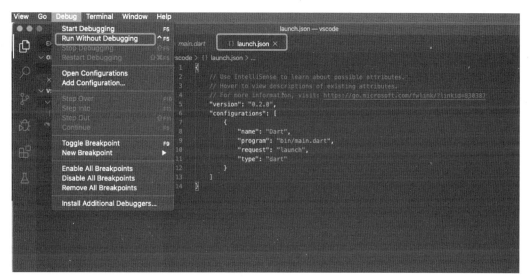

图7-20　自动生成launch.json配置文件

读者需要自行将launch.json中第9行的"bin/main.dart"改为正确的Dart运行文件路径，即"main.dart"。然后再次运行，可以看到控制台输出Hello,Dart!，如图7-21所示。

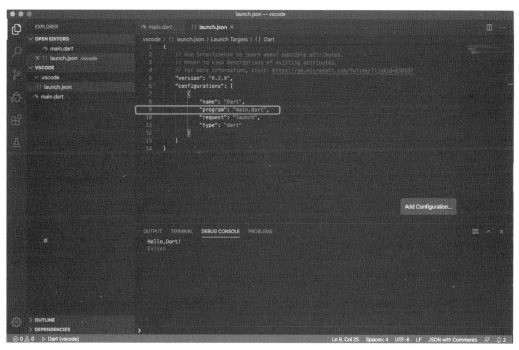

图7-21　修改launch.json文件

7.5 DartPad 之 Hello Dart

如果不想安装任何软件,读者使用开源的在线 DartPad(https://dartpad.cn/)也可以很方便地在浏览器中体验 Dart 或 Flutter 程序设计效果。但 DartPad 毕竟是嵌入在浏览器中运行的,它在 Dart 开发上会有些限制,例如无法引用包图片。DartPad 运行 Hello Dart 程序的界面如图 7-22 所示。

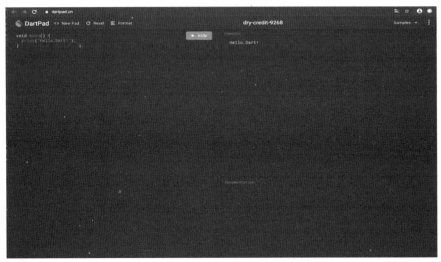

图 7-22 DartPad 运行 Hello Dart 效果

7.6 命令行之 Hello Dart

读者可以使用任意的文本编辑器,编写 Hello Dart 程序,并将文件名保存为 .dart 后缀的文件,如 main.dart。然后,在命令行模式下,执行 dart 命令。第一次运行时可能会出现图 7-23 所示的错误,这个问题跟 7.2 节 WebStorm 的"the Dart SDK home does not exist."是类似的问题。

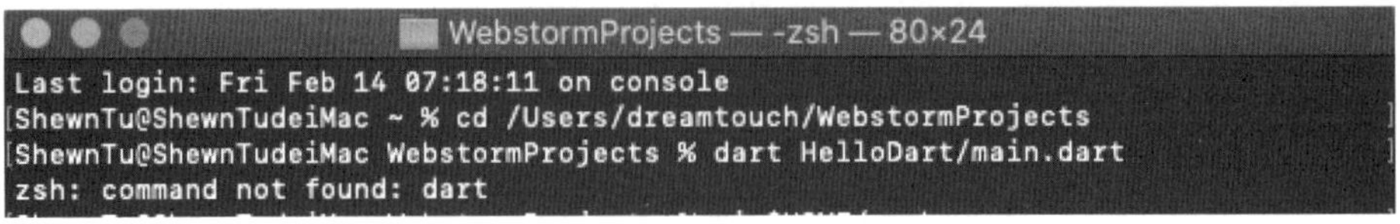

图 7-23 dart 命令无效

读者可以配置一个DART_HOME环境变量引用dart可执行程序路径,或直接把dart可执行程序目录加入到PATH环境变量中,如图7-24所示。

图7-24 dart路径配置

然后,读者就可以直接使用dart命令行的方式来运行程序了,如:"dart HelloDart/main.dart",运行结果如图7-25所示。

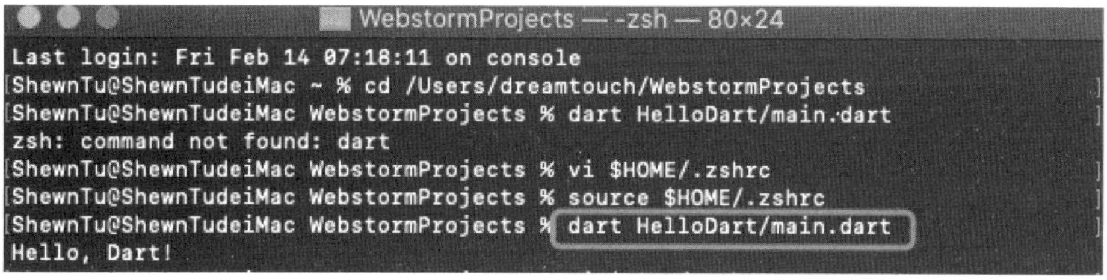

图7-25 使用dart命令行的方式来运行程序

至此,本章已经介绍了多种运行dart命令行程序的方法,有兴趣的读者都可以试试看。后面几章我们将进一步对dart编程进行全面的介绍。

第8章

Dart 变量、类型和流程控制

前面几章,读者已经或多或少地了解和使用了一些 Dart 程序语言。作为 Flutter SDK 框架的编程语言,我们系统地了解 Dart 语言的基础知识,本章主要内容包括:

✔ 变量
✔ 内置类型
✔ 流程控制语句

本章将介绍 Dart 语言有别于其他编程语言的特性或比较重要的特性。假定,读者已经有一些其他编程语言的基础,如 C、C++、Java、JavaScript 等。在正式开始之前,有必要介绍下 Dart 的版本信息,因为 Dart 的语法规则是跟它的版本有关系的。读者可以执行下面的命令查看 dart 版本。

```
dart --version
```

从图 8-1 可以看到编者本机安装的 Dart 版本是 2.5.0,实际上 Dart 2.10.3 稳定版已于 2020 年 10 月 29 日发布了。因为我们之前介绍过,Dart 安装版本应同 Flutter 安装版本对应。而我们选择安装的 Flutter SDK 版本是 1.9,而不是最新的 1.22.1。

图 8-1　查看 dart 版本信息

本章及后续章节中介绍有关 Dart 语法和功能,如与读者本机运行的不一致的,请读者先检查下安装的 Dart 版本号。有兴趣的读者,可以进入下面的链接,查看各个 Dart 版本之间的更新情况:

https://github.com/dart-lang/sdk/blob/master/CHANGELOG.md

8.1　变　量

我们可以使用以下 3 种方式声明一个变量：

```
var name="groupones";
dynamic sex=true;
int age=18;
```

尽管 Dart 是强类型语言，但是在声明变量时指定类型是可选的，因为 Dart 可以进行类型推断。例如，上例的 name 变量可以推断为是 String 类型。dynamic 表示变量类型是动态的，类似于 JavaScript 语言的 var 关键字。我们可以通过一个小实验进行验证。

```
1.  void main() {
2.  var name="groupones";
3.  dynamic sex=true;
4.  int age=18;
5.
6.  print( ' sex old value is $sex ' );
7.  sex = "男";
8.  print( ' sex new value is $sex ' );
9.  }
```

第 6 行和第 8 行 print 中的 $sex 表示字符串插值，使用 sex 变量值替换 $sex，这类似于 ES6 的模板字符串。

我们可以选中 .dart 文件后，右击选择 Run，运行该文件，如图 8-2 所示。

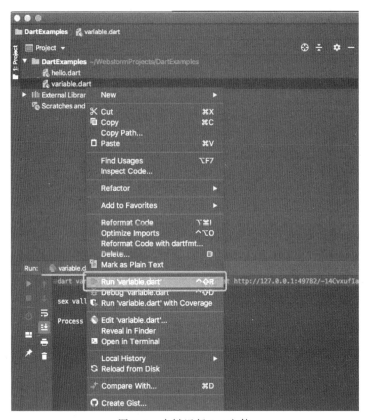

图 8-2　右键运行 dart 文件

可以观察到 dynamic 类型的变量不同类型值的变化情况，如图 8-3 所示。

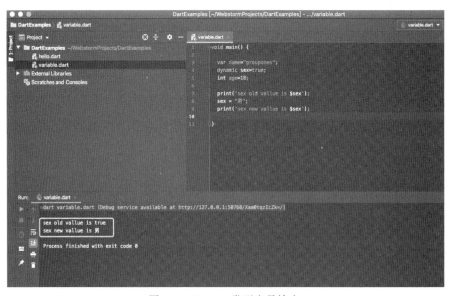

图 8-3　dynamic 类型变量输出

在 Dart 中,未初始化的变量拥有一个默认的初始化值:null,它的基类是 Null。

final 和 const 都可以定义常量,我们在之前 Hello Widget 项目里已经使用过它们了。

```
final TextStyle _biggerFont = const TextStyle(fontSize:18.0);
```

一个 final 变量只可以被赋值一次,如果更改 final 变量值,就显示以下类似编译错误弹框,如图 8-4 所示。

图 8-4　final 错误弹框

一个 const 变量也是常量,但属于编译时常量。图 8-5 展示了 const 的一个错误的使用方法。

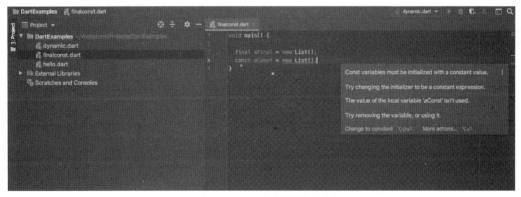

图 8-5　const 使用错误示例

该错误是因为 new List() 是程序运行阶段才能确定的一个具体值,所以静态编译阶段赋值给 const 常量会出错,而赋值给 final 常量则没有问题。那么编译常量有什么用?它可以用于将构造函数声明为 const 的,这种类型的构造函数创建的对象是不可改变的,也可以用于定义枚举量。我们将会在后续的部分进行相关示例介绍。

8.2　内置类型

Dart语言支持下列的变量类型。

1.数字类型

数字类型包括int和double类型,基类是num。官方说明参考链接为:

https://api.dart.dev/stable/2.7.1/dart-core/num-class.html

2.字符串类型

字符串类型使用String类表示。官方说明参考链接为:

https://api.dart.dev/stable/2.7.1/dart-core/String-class.html

我们这里只介绍说明String的一些重要属性,String是:

(1)UTF-16编码的字符序列,可以使用单引号或者双引号来创建;

(2)可以使用三个单引号或者三个双引号创建多行字符串;

(3)可以在字符串中以${表达式}的形式引用表达式,如果表达式是一个标识符,则可以省略掉{};

(4)在字符串前加上小写r作为前缀创建"raw"字符串,则可以忽略字串内的需要转义的字符,类似于C#语言的@字符串前缀符号。

3.布尔类型

布尔类型使用bool类表示。官方说明参考链接为:

https://api.dart.dev/stable/2.7.1/dart-core/bool-class.html

4.数组类型

数组类型使用List类表示,使用方括号对来创建。官方说明参考链接为:

https://api.dart.dev/stable/2.7.1/dart-core/List-class.html

可以使用扩展操作符(...)将一个List对象中的所有元素插入到另一个List对象中,如图8-6所示。

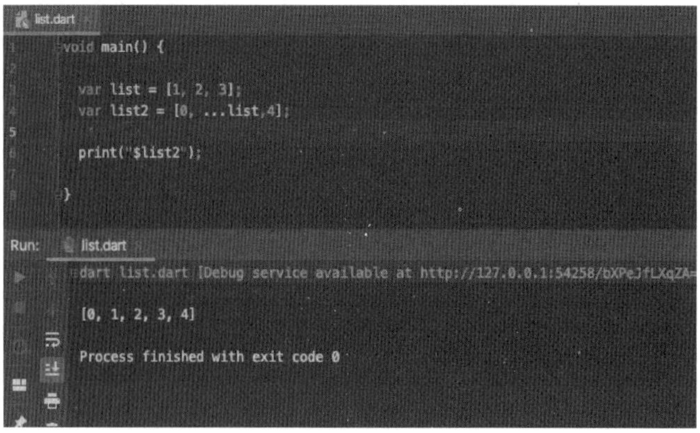

图8-6　扩展操作符使用

使用 null-aware 扩展操作符(...?)来避免产生异常,使用参见下列代码:

```dart
var list;
var list2 = [0, ...?list];
```

上述代码功能等价于以下代码:

```dart
var list;
var list2;
if (list==null){
  list2 = [0];
}else{
  list2 = [0, ...list];
}
```

5.集合类型

集合类型使用 Set 类表示,使用花括号对来创建。官方说明参考链接为:
https://api.dart.dev/stable/2.7.1/dart-core/Set-class.html
集合中的元素是不能重复的,请读者考虑下列代码输出是什么?

```dart
void main() {
  var listOfInts = [1, 2, 3 , 1, 2, 3];
  var setOfInts = {1, 2, 3 , 1, 2, 3};

print("listOfInts length is ${listOfInts.length}, setOfInts length is ${setOfInts.length}");

}
```

6.字典类型

字典类型使用 Map 类()表示,使用花括号对来创建,类似 JSON 对象。
Map 是用来关联 keys 和 values 的对象,每个键只能出现一次但是值可以重复出现多次,例如:

```dart
var person = {
  // 键:    值
  'name' : 'groupones',
  'sex' :true,
  'age' :18
};
```

8.3　流程控制语句

我们可以使用以下语句来控制 Dart 代码的执行流程：

•if 和 else

•for 循环

•while 和 do-while 循环

•break 和 continue

•switch 和 case

•assert

这些流程控制的语法和用法跟其他的编程语言比较类似，下面只介绍比较重要或特殊一些的用法：

在 Dart 语言中，for 循环中的闭包可以自动遍历对象元素，如图 8-7 中的代码所示。

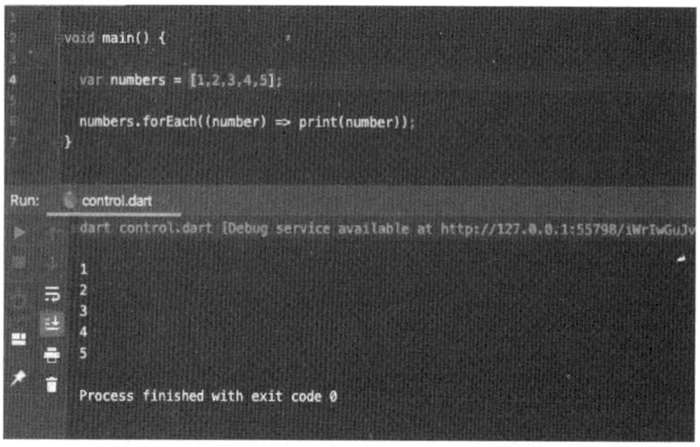

图 8-7　闭包

第 6 行中的 number 代表遍历的 numbers 数组依索引顺序的每一个元素变量。像 List 和 Set 类型等实现了 Iterable 接口的类还支持 for-in 形式的迭代。

Iterable 类官方参考链接为：

https://api.dart.dev/stable/2.7.1/dart-core/Iterable-class.html

图 8-7 中的代码可以改写如下，其输出结果是同样的。

```
void main() {
  var numbers = [1,2,3,4,5];
  for (var number in numbers) {
    print(number);
  }
}
```

如果读者想过滤符合某些条件的元素集合,可以这样写:

```
var numbers = [1,2,3,4,5];
  numbers
  .where((number)=>number.isEven)
  .forEach((number)=>print(number));
```

以上代码输出结果为:2 4

8.4 实验三

利用本章知识点及相关类方法,编写 Dart Command Line App 类型项目,统计 Flutter 计数器(Counter)项目中 main.dart(图 8-8)整个代码字符串中 class 和 return 单词出现的次数,并存储为 Map 对象。

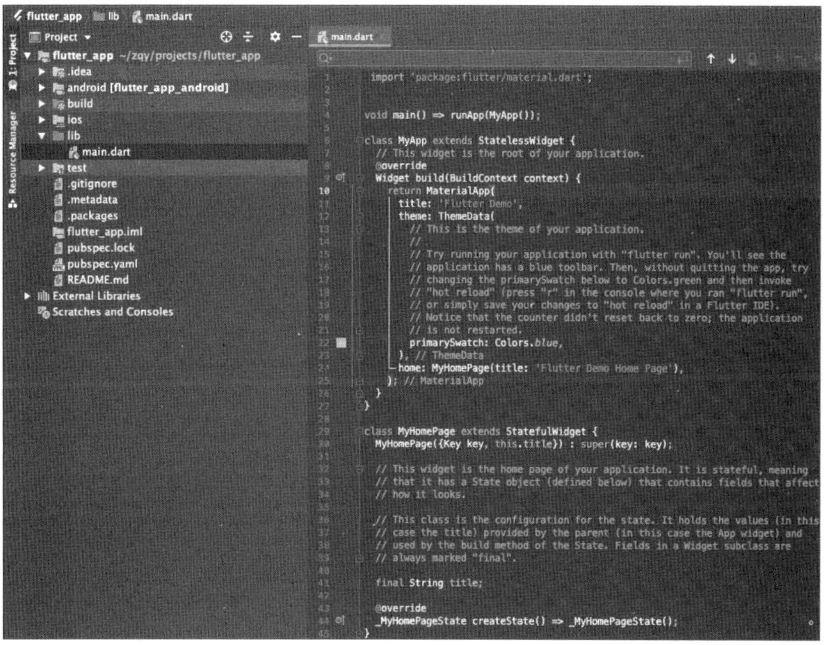

图 8-8 Counter 项目 main.dart 文件

- 提示:可以考虑使用 String 类的 split 方法和 RegExp 正则表达式类。
- 挑战 1:尝试统计 main.dart 的代码行数(不包含注释行和空行)。
- 挑战 2:尝试统计 Dart 代码中 this 关键字的出现次数。

第9章

Dart函数、运算符、异常和类

本章中，我们将介绍继续介绍Dart语言的语法知识点，包括：

✔ 函数
✔ 运算符
✔ 异常
✔ 类

9.1 函　数

Dart是一种真正面向对象的语言，所以函数也是对象，可以被赋值给变量或者作为其他函数的参数。

函数可以有两种形式的参数：必要参数和可选参数。必要参数定义在参数列表前面，可选参数则定义在必要参数后面。

可选参数又分为命名参数和位置参数，可在参数列表中任选其一使用，但两者不能同时出现在参数列表中。

当调用函数时，可以使用参数名：参数值的形式来指定命名参数，定义函数时，使用{param1，param2，…}来指定命名参数。可以使用@required注解来标识一个命名参数是必须的参数。

使用[param1，param2，…]将一系列参数包裹起来作为位置参数。

可以用=号为函数的命名和位置参数定义默认值，默认值必须为编译时常量，没有指定默认值的情况下默认值为null。

第7章的Hello程序系列，我们已经看到了每个Dart程序都必须有一个main()顶级函数作为程序的入口。main()函数返回值为void并且有一个List类型的可选参数。

如图9-1所示的示例中，area函数为位置可选参数示例，volume函数为命名可选参数示例。

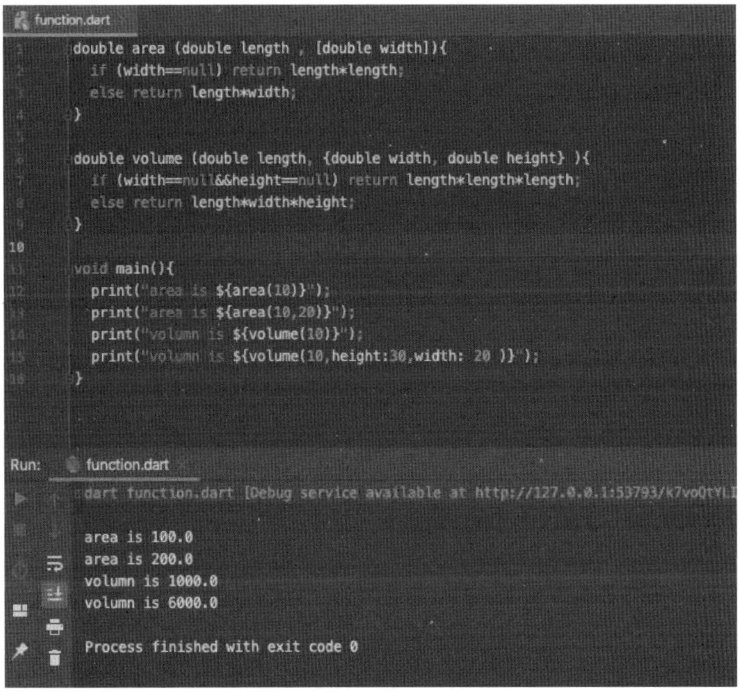

图9-1 函数可选参数和命名参数

图9-1相应的代码如下，请读者试着自行拷贝运行查看效果。

```
double area（double length ，[double width]）{
  if（width==null）return length*length;
  else return length*width;
}
double volume（double length，{double width，double height} ）{
  if（width==null&&height==null）return length*length*length;
  else return length*width*height;
}
void main（）{
  print("area is ${area(10)}");
  print("area is ${area(10,20)}");
  print("volume is ${volume(10)}");
  print("volume is ${volume(10,height:30,width:20)}");
}
```

读者可以创建一个没有名字的方法，称之为匿名函数，或 Lambda 表达式或 Closure 闭包。

（[[_类型_] _参数_ [，…]]）{ _函数体_ ；};

　　for循环中的闭包会自动捕获循环的索引值,所以下列代码中的item参数代表是list数组中的各个元素值。

```
void main() {
    var list = [ ' apples ' , ' bananas ' , ' oranges ' ];
list.forEach((item) {
        print( ' ${list.indexOf(item)}:($item ' );
    });
}
```

9.2 运算符

　　Dart运算符与其他大多数编程语言类似,以下列出几个相对用法特别一些的Dart运算符,读者可以尝试编写示例以理解它们的用法。
　　•~/:除并向下取整。
　　•??=或??表达式:给值为null的变量赋值。
　　•级联运算符..:可以在同一个对象上连续调用多个对象的变量或方法。
　　•条件访问成员?.:左边的操作对象不能为null,如果为null则返回null。

9.3 异　常

　　Dart异常机制跟其他编程语言类似,有以下几点特别说明:
　　•所有异常都是非必检异常;
　　•可以将任何非null对象作为异常抛出,优秀的代码通常会抛出Error或Exception类型的异常。可以分别参考以下链接:
　　https://api.dart.dev/stable/2.7.1/dart-core/Error-class.html
　　https://api.dart.dev/stable/2.7.1/dart-core/Exception-class.html
　　•可以使用on或catch来捕获异常,使用on来指定异常类型,使用catch来捕获异常对象,两者可同时使用;
　　•关键字rethrow可以将捕获的异常再次抛出。
　　读者可以试运行下列代码观察程序输出,来理解Dart的异常机制。

```dart
void main() {
  try {
    int firstInput = 1;
    int secondInput = 0;
    int result = firstInput ~/secondInput;
    print( ' The result of $firstInput divided by $secondInput is $result ' );
  } on FormatException catch (e) {
    print( ' Exception occurs: $e ' );
  } on IntegerDivisionByZeroException catch (e,s) {
    print( ' Exception occurs: $ ' );
    print( ' STACK TRACE\n: $s ' );
  } finally {
    print( ' finally called ' );
  }
}
```

9.4　类

　　Dart 是支持基于 mixin 继承机制的面向对象语言,所有对象都是一个类的实例,而所有的类都继承自 Object 类。基于 mixin 的继承意味着每个除 Object 类之外的类都只有一个超类。此外,Extension 方法是一种在不更改类或创建子类的情况下向类添加功能的方式。下面我们将介绍 Dart 类的一些主要特性:

　　从 Dart 2 开始,创建对象时的 new 关键字是可选的。

　　使用常量构造函数,在构造函数名之前加 const 关键字。

　　两个使用相同构造函数相同参数值构造的编译时常量是同一个对象。

　　可以使用 Object 对象的 runtimeType 属性在运行时获取一个对象的类型。

　　所有未初始化的实例变量其值均为 null。

　　Dart 提供了一种特殊的语法糖来简化构造函数执行:

```dart
class Point {
  num x, y;
  Point(this.x, this.y);
}
```

上面的代码等价于下面的写法：

```
class Point {
  num  x, y;
  Point(num  x,  num  y)  {
    this.x = x;
    this.y = y;
  }
}
```

读者可以为一个类声明多个命名式构造函数来表达更明确的意图，例如图 9-2 第 4 行 Point.origin()。

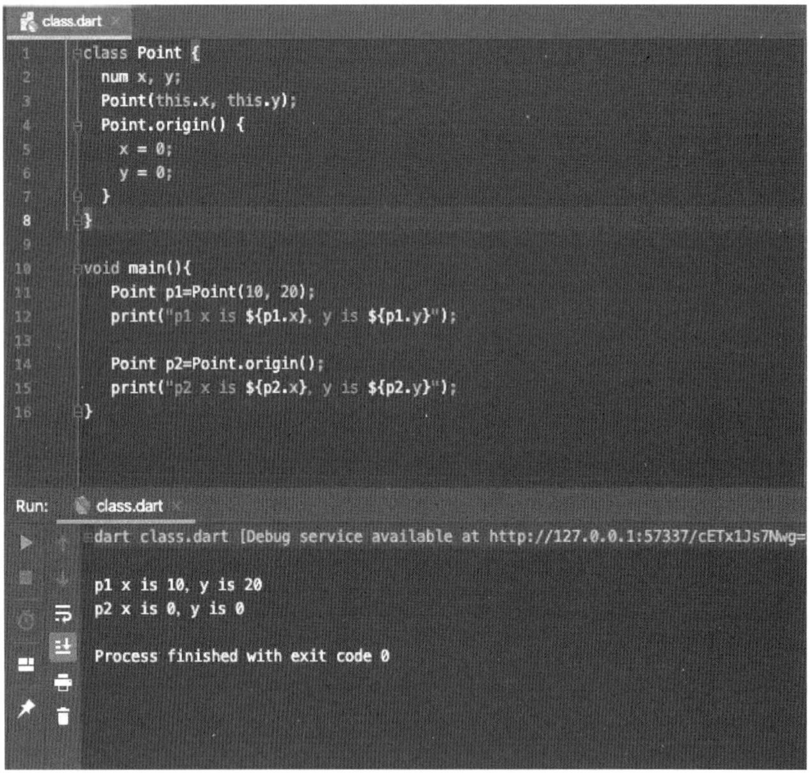

图 9-2　命名式构造函数

默认情况下，子类的构造函数会调用父类的匿名无参数构造方法，并且该调用会在子类构造函数的函数体代码执行前。如果子类构造函数还有一个初始化列表，那么该初始化列表会在调用父类的该构造函数之前被执行，这同 C++ 语言特性很像，具体用法我们将结合后续章节的例子进一步说明。

使用 factory 关键字标识类的构造函数将会令该构造函数变为工厂构造函数，即单例模式。所谓单例模式就是确保一个类只有一个实例。

　　读者可以使用 get 和 set 关键字为额外的属性添加 Getter 和 Setter 方法,具体用法参考下面代码示例。注意 get right 的写法,right 属性后面是没有括号的,set 关键字之前是不需要定义返回类型的。

```dart
class Rectangle {
  num left, top, width, height;
  Rectangle(this.left, this.top, this.width, this.height);
  // 定义两个计算产生的属性:right 和 bottom。
  num get right => left + width;
  set right(num value) => left = value - width;
  num get bottom => top + height;
  set bottom(num value) => top = value - height;
}
void main() {
  var rect = Rectangle(3, 4, 20, 15);
  var postion=rect.right;   //此时调用 get right
  rect.right = 12; //此时调用 set right(12)
}
```

　　Dart 每一个类都隐式地定义了一个接口并实现了该接口,这个接口包含所有这个类的实例成员以及这个类所实现的其他接口,不包括构造函数。如果想要创建一个 A 类支持调用 B 类的 API 且不想继承 B 类,则可以实现(implements)B 类的接口。我们先看一个 implements 的错误示例,如图9-3所示。

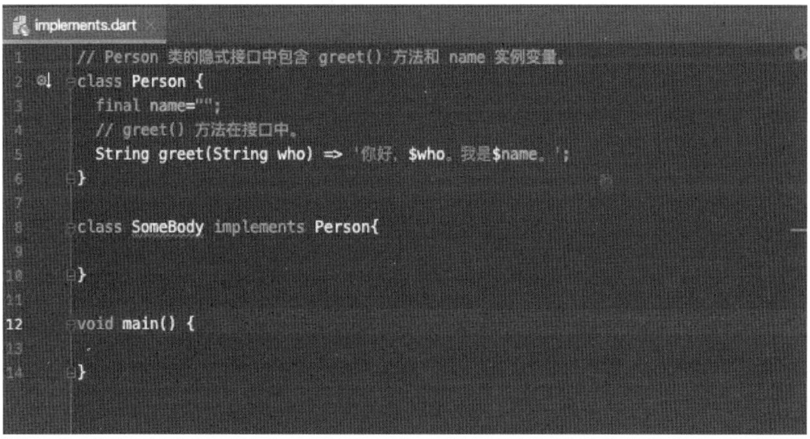

图9-3　implements错误示例代码

　　从图9-4的输出错误信息可以看到,SomeBody 类缺少 Person.greet 和 Person.name 实

现。我们提供读者四种修正该错误问题的方法，如图 9-5 中代码所示。四种方法分别对应 Asian 类、American 类、European 类和 African 类。

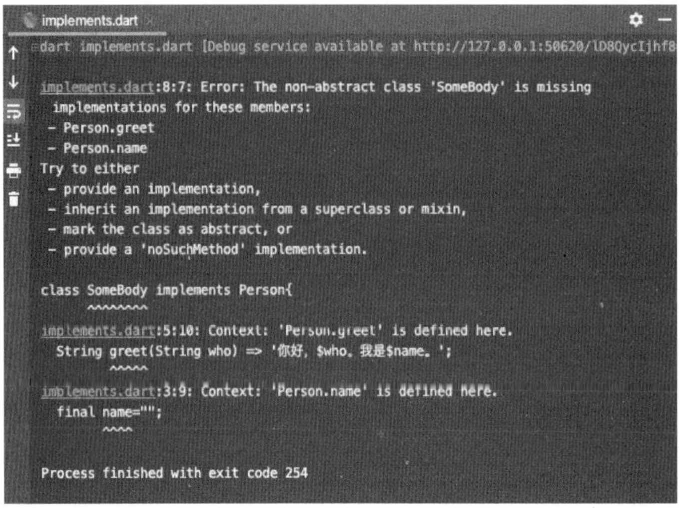

图 9-4   implements 错误示例代码的运行输出信息

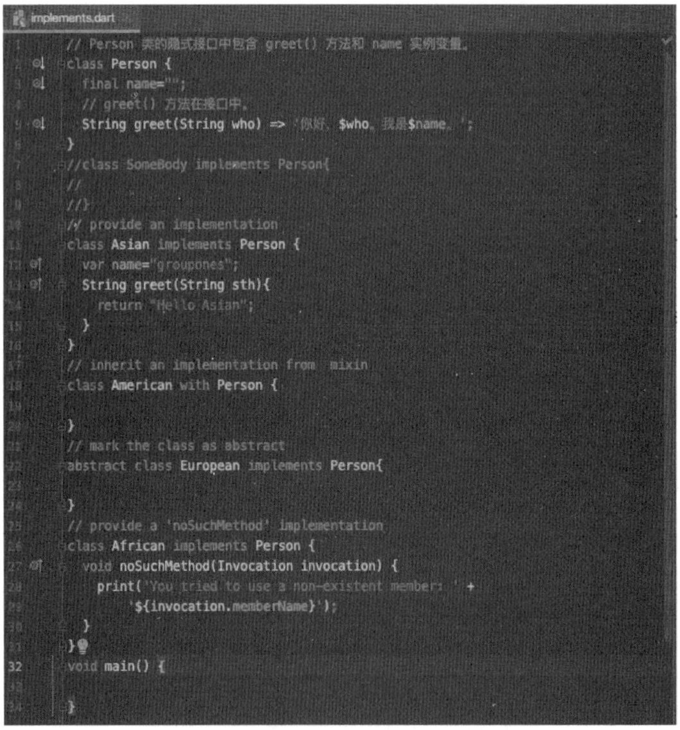

图 9-5   修正方法

Dart 继承是单继承，子类可以访问父类中的所有变量和方法，因为 Dart 中没有 private、public、protected 的区别，但如果变量名前以下划线命名开头，则该变量为私有的。

Dart 2.7 中引入的 Extension 方法是向现有库添加功能的一种方式，类似于

Objective-C 语言的 Category 机制。

每一个枚举值都有一个名为 index 成员变量的 Getter 方法。

Mixin 是一种在多重继承中复用某个类中代码的方法模式。使用 with 关键字并在其后跟上 Mixin 类的名字来使用 Mixin 模式。

定义一个类继承自 Object 并且不为该类定义构造函数，那么这个类就是 Mixin 类。Mixin 类不能实例化。可以使用关键字 on 来指定哪些类可以使用该 Mixin 类。

至此，我们看到扩展一个类，可以用 implements、extends 和 with 关键字来实现。构建一个有实际含义的示例来说明它们三者的关联和区别，本身也是一个挑战。尽管如此，我们还是尝试构造出一个精简且有一定含义的示例，具体参见图 9-6 中的代码及中文注释。

```dart
1    /// Animal抽象类不能被实例化，但可以包含某些方法实现，如run()
2    abstract class Animal {
3      String name;
4      Animal(this.name);
5      String get noise;
6      String eat(){
7        return "eats sth";
8      }
9    }
10   /// Bird继承于Animal抽象类，需要实现noise Getter，并可以复用Animal类的eat方法
11   class Bird extends Animal {
12     Bird(String name) : super(name);
13     String get noise => 'tweet';
14   }
15   /// Pikachu类实现Animal接口，需实现name实例字段，noise Getter，以及重定义eat方法
16   class Pikachu implements Animal {
17     String name = 'Pikachu';
18     String get noise => 'pika';
19     @override
20     String eat() {
21       return "eats nothing";
22     }
23   }
24   /// Swimmer为mixin类，不能定义构造函数
25   mixin  Swimmer {
26     String swim() {
27       return "can swimming";
28     }
29   }
30   /// 没有默认构造函数的抽象类也可以用于混入
31   abstract class Flyer {
32     // 不能直接被派生extends
33     factory Flyer._() => null;
34     String fly() {
35       return "can flying";
36     }
37   }
38   /// Duck类继承于Bird类，并具有Swimmer和Flyer的功能
39   class Duck extends Bird with Swimmer, Flyer {
40     Duck(String name) : super(name);
41     String get noise => 'duckling';
42   }
43
44   main() {
45     var magpie = new Bird('Magpie');
46     var pika = new Pikachu();
47     var bufflehead = new Duck("Bufflehead");
48     print('${magpie.name} noise is ${magpie.noise}, ${magpie.eat()}.');
49     print('${pika.name} noise is ${pika.noise}, ${pika.eat()}.');
50     print('${bufflehead.name} noise is ${bufflehead.noise}, ${bufflehead.eat()},
51       ${bufflehead.swim()}, ${bufflehead.fly()}.');
52   }
53  }
```

```
Run:   mixin.dart
  dart mixin.dart [Debug service available at http://127.0.0.1:54004/2Q4Nzj4xp8I=/]

  Magpie noise is tweet, eats sth.
  Pikachu noise is pika, eats nothing.
  Bufflehead noise is duckling, eats sth, can swimming, can flying.

  Process finished with exit code 0
```

图 9-6　使用 implements、extend、with 扩展一个类

读者可以尝试在以下示例代码的基础上进一步修改，以加深理解这些概念。

```
/// Animal抽象类不能被实例化，但可以包含某些方法实现，如run()
abstract class Animal {
  String name;
  Animal(this.name);
  String get noise;
  String eat(){
    return "eats sth";
  }
}
/// Bird继承于Animal抽象类，需要实现noise Getter，并可以复用Animal类的eat方法
class Bird extends Animal {
Bird(String name):super(name);
  String get noise => ' tweet ' ;
}
/// Pikachu类实现Animal接口，需实现name实例字段，noise Getter，以及重定义eat方法
class Pikachu implements Animal {
  String name = ' Pikachu ' ;
  String get noise => ' pika ' ;
  @override
  String eat() {
    return "eats nothing";
  }
}
/// Swimmer为mixin类，不能定义构造函数
mixin Swimmer {
  String swim() {
    return "can swimming";
  }
}
/// 没有默认构造函数的抽象类也可以用于混入
abstract class Flyer {
  // 不能直接被派生 extends
  factory Flyer._() => null;
  String fly() {
    return "can flying";
```

```
    }
  }
  /// Duck 类继承于 Bird 类,并具有 Swimmer 和 Flyer 的功能
  class Duck extends Bird with Swimmer, Flyer {
    Duck(String name) : super(name);
    String get noise => ' duckling ';
  }


  main() {
    var magpie = new Bird( ' Magpie ' );
    var pika = new Pikachu();
    var bufflehead = new Duck("Bufflehead");
    print( ' ${magpie.name} noise is ${magpie.noise}, ${magpie.eat()}. ' );
    print( ' ${pika.name} noise is ${pika.noise}, ${pika.eat()}. ' );
    print( ' ${bufflehead.name} noise is ${bufflehead.noise}, ${bufflehead.eat()}, '
        ' ${bufflehead.swim()}, ${bufflehead.fly()}. ' );
  }
```

本节对 Dart 类进行了非常概要性的介绍,读者只需要先有个大致印象即可。更多的知识点的理解和掌握,还是需要在实际编程中不断的积累和总结。Dart 类的系统介绍官方参考地址为:https://dart.cn/guides/language/language-tour#classes。

9.5　实验四

本实验有 2 个任务组成,这 2 个任务的重点在于帮助读者聚焦建立面向对象的设计思想而非具体的逻辑功能。

•任务 1:定义一个类 Counter,为它设计合理的实例变量和方法,将实验三的代码重新组织成类的方式进行实现。

•任务 2:在任务 1 的基础上,定义类 Counter 两个派生类 WordsCounter 和 CodeLine-Counter,将实验三的代码重新组织进行实现。

第 10 章

Dart 泛型、库、异步和注释

本章中,我们将进一步介绍Dart其他相关的知识点,具体包括:
- ✔ 泛型
- ✔ 库
- ✔ Dart核心库
- ✔ 异步支持
- ✔ 文档注释

10.1 泛 型

<>符号表示变量是一个泛型(或参数化类型),泛型可以更好地帮助代码生成,也可以减少代码重复。

List、Set 以及 Map 字面量也可以是参数化的。定义参数化的 List 只需在中括号前添加<type>;定义参数化的 Map 只需要在大括号前添加<keyType,valueType>。

在调用构造方法时也可以使用泛型,只需在类名后用尖括号,如 Map<int,String>()。如果想限制泛型的类型范围,可以使用extends关键字,如 class Study<T extends Human>,表示变量 T 的数据类型只能是 Human 的派生类。

同样可以定一个泛型方法,如 T first<T>(List ts) { }。

我们看一个简单的泛型示例代码,它的结果输出 Hello World 和 3.14。

```dart
class Test<T> {
  T obj;
Test(T obj) {
    this.obj = obj;
  }
  T getObject() {
    return this.obj;
  }
```

```
}
main() {
  Test<String> t1 = Test<String>("Hello World");
  print(t1.getObject());
  Test<double> t2 = Test<double>(3.14);
  print(t2.getObject());
}
```

10.2　库

import和library关键字可以创建一个模块化和可共享的代码库。每个Dart程序都是一个库,即使是没有使用关键字library显式指定。

代码库不仅只是提供API而且还起到了封装的作用:9.4节中提到的以下划线(_)开头的成员仅在代码库中可见。

使用import来指定命名空间以便其他库可以访问。import的唯一参数是用于指定代码库的URI,还记得7.1节那个Warning吗? 对于Dart内置的标准库,使用dart:xxxxxx的形式引用。而对于其他的库,可以使用一个文件系统路径或者以package:xxxxxx的形式引用。后者由包管理器(比如pub工具)来提供。

如:import　'package:flutter/material.dart'。

在图10-1的项目中,我们演示了import、library、export、part这几个关键字跟项目文件组织相关的基本用法,请读者留意相关dart源文件在项目中位置。

图10-1　import,library,export,part使用示例

10.3 Dart核心库

Dart 提供了多种常见库,便于开发者使用。

•dart:async:支持通过使用 Future 和 Stream 这样的类实现异步编程。

•dart:collection:提供 dart:core 库中不支持的额外的集合操作工具类。

•dart:convert:用于提供转换不同数据的编码器和解码器,包括 JSON 和 UTF-8。

•dart:core:每一个 Dart 程序都可能会使用到的内置类型、集合以及其他的一些核心功能。

•dart:math:包含算术相关函数和常量,还有随机数生成器。

•dart:io:用于支持非 Web 应用的文件、Socket、HTTP 和其他 I/O 操作。

•dart:isolate:使用 Isolate 实现并发编程,类似于线程的独立的 Worker。

如下代码,通过导入 dart:math 库,我们可以实现输出一个大于等于 0,小于 100 的随机整数的功能。

```dart
import 'dart:math';

void main(){
  Random r=Random();
  print(("random number is ${r.nextInt(100)}"));
}
```

10.4 异步支持

Dart 代码运行在单个执行"线程"中。Dart 代码库中有大量返回 Future 或 Stream 对象的函数,这些函数都是异步的,它们会在耗时操作(比如 I/O,网络请求)执行完毕前直接返回而不会等待耗时操作执行完毕。

Future 对象被用于表示将来某个时刻一个潜在的值或错误,Future 的接收器能够注册一个回调函数用于当这个值或错误可用时处理这个值或错误。

Stream 对象提供了一种接收事件序列的方法,每个事件可以是一个数据事件(stream 的元素),或是一个错误事件。当一个 stream 发送完它的所有时间,一个独立的"done"事件将会通知监听器事件的结束。简单地说，Future返回的是单个值，而Stream返回是一系列值。

　　async和await关键字用于实现异步编程，它们跟JavaScript ES6中的async和await作用是一样的。await表达式的返回值通常是一个Future对象，await表达式会阻塞直到需要的对象返回，这是一个同步调用的过程。await需要在一个异步函数中使用，定义异步函数只需在普通方法上加上async关键字即可。

　　我们将在第15章给出async和await的具体使用实例。读者可以运行下面的代码，尝试理解打印语句的输出顺序，对Future、async和await的使用先有一个基本的认识。

```dart
Future main() async {
  var value = 100000;
  print("call await _waitForValue(value) begin");
  await _waitForValue(value);
  print("call await _waitForValue(value) end");

  print("call _waitForValue(value) begin");
  _waitForValue(value);
  print("call _waitForValue(value) end");
}

Future _waitForValue(int n) => Future(() {
    // Do some long process
    for (var i = 1; i<= n; i++) {
      // Print out progress:
      if ([n / 2, n / 10].contains(i)) {
        print("Not done yet...");
      }
      // Return value when done.
      if (i == n) {
        print("Done.");
        return ;
      }
    }
      return ;
  });
```

10.5 文档注释

Dart 语言的文档注释可以是多行注释,也可以是单行注释,文档注释以///或者/**开始。在连续行上使用///与多行文档注释具有相同的效果。

在///或者/**注释中,使用中括号[ ]引用类、方法、字段、顶级变量、函数和参数会被解析识别。注释中的 Markdown 语法解析同样也被支持。

我们可以解析 Dart 代码并生成 HTML 文档,使用 Dart SDK 命令 dartdoc。

如果出现以下错误:

Unhandled exception:Unable to generate documentation:no package found

这是因为 Flutter 项目会自动生成 pubspec.yaml 这个文件,独立的 Dart Command Line App 类型的项目,则需要读者手工在项目根目录上新建一个 pubspec.yaml 构建文件,在 pubspec.yaml 文件里至少要定义一个 name 属性。

如果出现以下错误:

dartdoc failed:dartdoc could not find any libraries to document.

则需要读者在项目根目录下新建 lib\main.dart 文件。

dartdoc 命令运行成功后,会在项目的 doc\api 目录下自动生成多个文档文件。整个项目结构和自动生成的文档文件如图 10-2 所示。

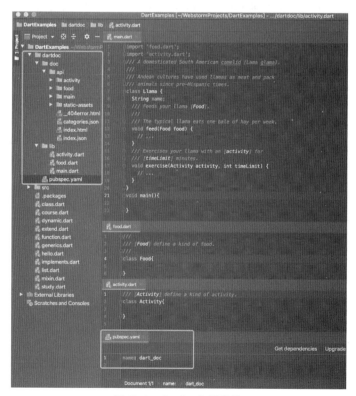

图 10-2   dartdoc 文档结构

读者在任意浏览器里打开 doc\api\index.html 文件，可以看到当前项目的在线技术帮助文档，如图10-3所示。

图 10-3　项目在线技术文档

点击以上各个链接可以看到项目///注释里对应的描述内容。

代码注释不只是提供自己使用，更多地也是提供给其他开发者使用的。良好的代码注释是程序员应该具有的非常重要的编程规范。

10.6　实验五

为之前的实验四的类和方法增加注释，并生成 HTML 文档。

•挑战：定义一个泛型方法，实现统计 Words 和 CodeLine 个数的通用方法。

第 11 章

Widget 概览

Flutter 有一个非常重要的核心理念：一切皆为组件，Flutter 中所有的元素皆由组件组成。本章中，我们将介绍开发中会常用到的一些组件，包括：

✔ 基础组件

✔ Material 组件

✔ Cupertino 组件

✔ 手势组件

✔ StatelessWidget 和 StatefulWidget

此外，我们还额外介绍 Flutter 插件一些图标的含义，可以帮助读者更好地理解程序结构。

为了避免文章版面过长，影响读者阅读效果，从本章起示例项目源代码提供网上下载链接。本章代码的下载地址为：http://flutter.hixiaowei.com//samples/simple_widget.zip。

我们提供的示例项目中的临时文件及项目依赖文件都已经是清理过的，所以读者打开这些项目时，需要先安装项目的依赖包，可以打开项目的 pubspec.xml 文件选择执行 Pub get 菜单功能，或在命令行模式下，执行 flutter pub get 命令。

11.1 基础组件

Widget 即组件。Widget 描述了在当前的配置和状态下视图所应该呈现的样子。当 Widget 的状态改变时，它会重新构建其描述（展示的 UI），框架则会对比前后变化的不同，以确定底层渲染树从一个状态转换到下一个状态所需的最小更改。

我们先构建一个最简单的组件应用。同第 5 章介绍的一样，在 Android Studio 里新建一个 Flutter App，将自动生成的 main.dart 完全替换为下面的简单代码段，同时删除 test/widget_test.dart 文件。

```
import 'package:flutter/material.dart';
void main() {
  runApp(
```

```
Center(
        child: Text(
          ' Hello!',
          textDirection: TextDirection.ltr,
        ),
      ),
   );
}
```

程序的运行结果如图11-1所示。

上述代码中的runApp函数的作用是填充一个widget并关联到设备屏幕上,所以它的入参就是widget,在上例中这个widget就是Center组件。

Center组件的作用是将它的子组件Text在它的内部居中显示。TextDirection.ltr表示显示的文本是从左到右(left to right)的顺序展示。对于一些国家的语言(如阿拉伯语,希伯来语),则应需要设置成rtl,如图11-2所示。

图11-1 一个最简单的 组件应用输出

图11-2 TextDirection.rtl 显示效果

如果textDirection:TextDirection.ltr这段代码不写,控制台输出会出现如图11-3所示的错误提示。

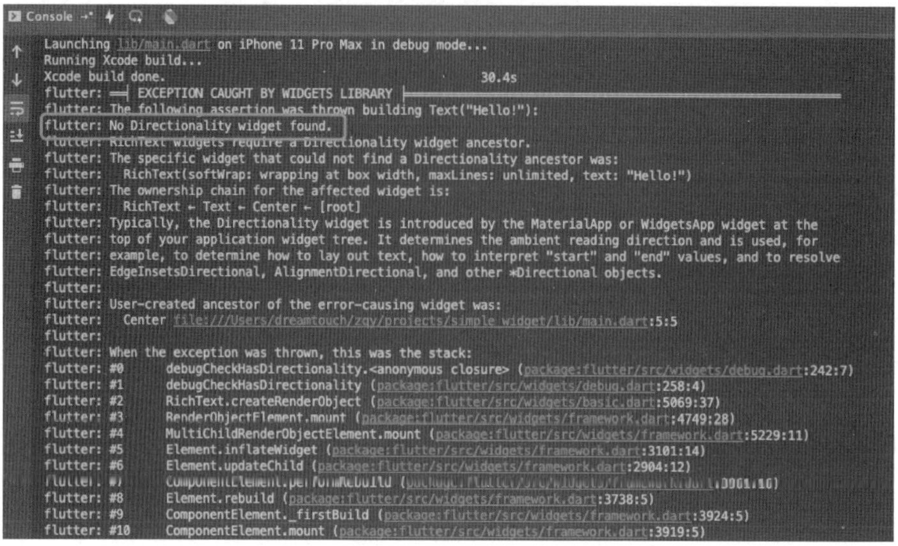

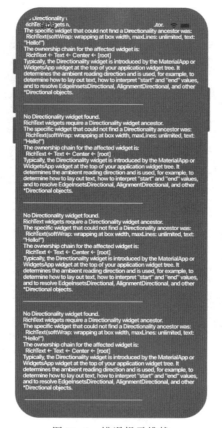

图 11-3　No Directionality widget found 错误提示

运行的设备屏幕上也会密密麻麻地显示错误提示堆栈,如图 11-4 所示。

图 11-4　错误提示堆栈

如图11-5所示，我们对照检查 Flutter 底层的 Text 的构造函数定义代码。

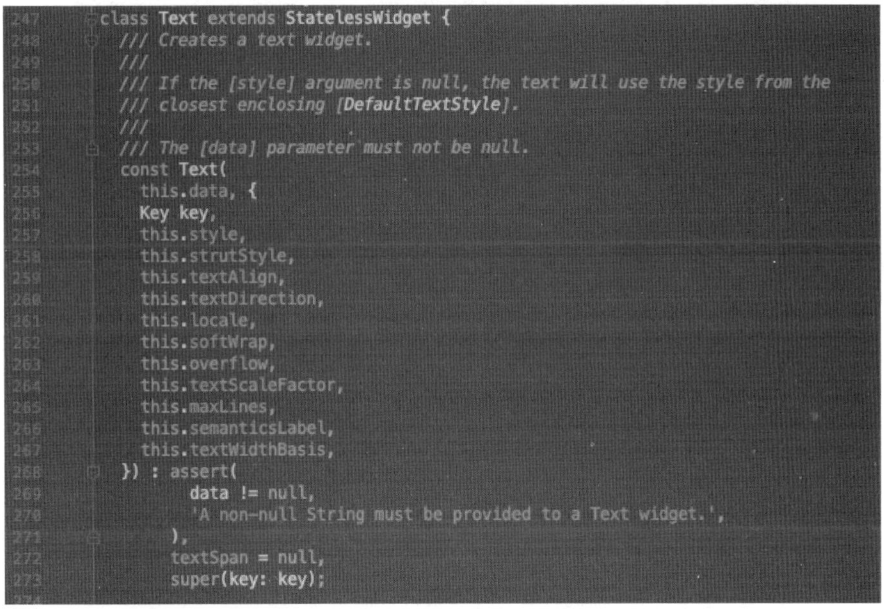

图11-5　Text组件构造函数定义

字符串'Hello!'是赋值给了 Text 的 data 实例变量，是必须的入参。而 textDirection 是命名参数，是可选的，那为什么一定要赋值呢？根据图11-4所示的错误堆栈提示，我们可以发现图11-6相关的逻辑代码。

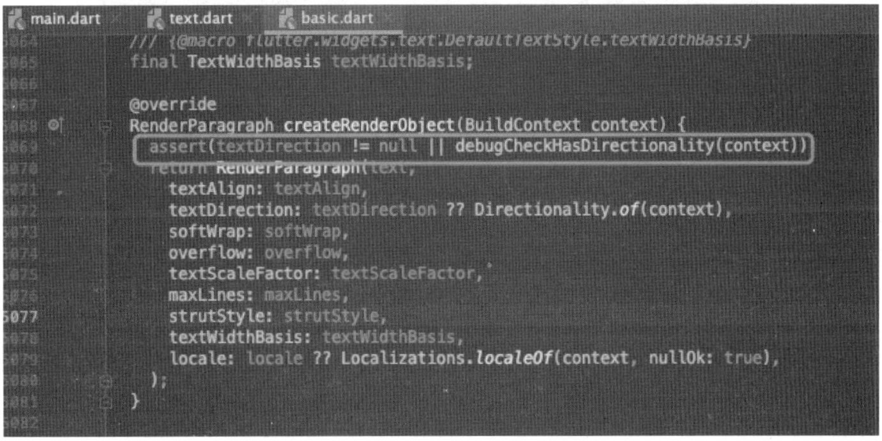

图11-6　createRenderObject 代码

图11-6中第5069行代码的作用是：在 Flutter 底层绘制对象时，会检查 textDirection 这个属性是否为空，如果为空则抛出断言错误。我们可以把 runApp 的入参 Center 改为 MaterialApp，则不需要对 Text 组件的 textDirection 属性进行显式赋值。

除了居中小部件显示外，我们还有其他类似布局方案，如图11-7所示，我们展示了一个在设备右上角显示图片（FlutterLogo）的功能。

图 11-7　Align 组件布局显示

Flutter 自带了一套强大的基础 Widgets，我们下面列出了一些常用的：

•Text Widget 可以用来在应用内创建带样式的文本。

•Row、Column 这两个 Flex Widgets 可以在水平（Row）和垂直（Column）方向创建灵活的布局，它类似于 Web 的 Flexbox 布局模型设计。读者可以参考：https://developer.mozilla.org/zh-CN/docs/Web/CSS/flex。

•Stack Widget 不是线性（水平或垂直）定位的，而是按照绘制顺序将 Widget 堆叠在一起。我们可以用 Positioned Widget 作为 Stack 的子 Widget，以相对于 Stack 的上、右、下、左来定位它们，它类似于 Web 中的绝对位置布局模型设计。

•Container Widget 用来创建一个可见的矩形元素。我们可以使用 BoxDecoration 来进行装饰，如背景、边框或阴影等，还可以设置外边距、内边距和尺寸的约束条件等。它类似于 Web 的盒模型。

我们再来看一个稍微复杂一点的布局示例，完整代码和运行效果如图 11-8 所示。

图 11-8　一个稍微复杂一点的布局示例

　　跟之前一样,我们按照程序运行的逻辑顺序,而非代码的书写顺序来介绍下这个示例的功能。

　　第 66 行代码:runApp 方法参数 MaterialApp 构造函数返回 StatefulWidget 数据类型,StatefulWidget 是 Widget 的派生类。MaterialApp 构造函数参数 home 表示导航路由根部的 Widget,此处为 MyScaffold 对象,关于路由的概念我们将在第 14 章中详细介绍。

　　第 40 行到第 63 行代码:MyScaffold 属于 StatelessWidget 类型,StatelessWidget 也是 Widget 的派生类。Widget 使用 build 方法构建子组件。本示例中,MyScaffoldWidget 将其子 Widget 组织在垂直列中。在列的顶部,先放置一个 MyAppBar 实例,并把 Text Widget 传给 MyAppBar 它来作为应用的标题。然后使用 Expanded 来填充剩余空间,其中包含一个居中的文本组件。

第3行到第38行代码：MyAppBarWidget创建了一个高56像素，左右内边距8像素的Container容器。在容器内，MyAppBar以Row布局来组织它的子元素。第26行中间的子Widget(title widget)，被标记为Expanded，这意味着它会扩展以填充其他子Widget未使用的可用空间。这样的描述，阅读和理解起来可能比较吃力，好在Flutter Plugin提供了Flutter Outline的功能，选中右边栏的Flutter Online选项卡可以显示如图11-9所示的效果。

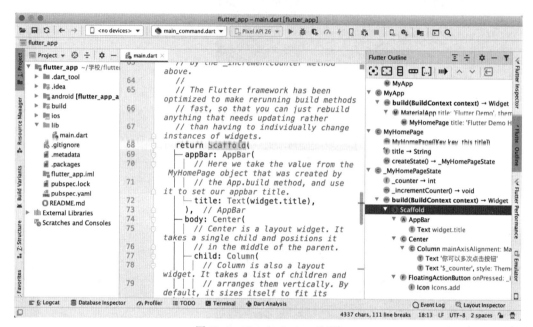

图11-9　Flutter Outline效果

Widget的层次结构是不是看得清楚多了？而Flutter Inspector的功能就更强大了，它可以观察到运行程序在设备中的实际布局效果，如图11-10所示。

如果读者在Android Studio中找不到Flutter Outline和Flutter Inspector选项卡，那可能是没有安装Flutter Plugin，可以查看第1章1.3节的说明安装Flutter Plugin。

图 11-10　Flutter Inspector 选中 FloatingActionButton 组件的运行效果

11.2　Material组件风格

读者很容易观察到图 11-8 的 MyAppBar 空间区域跟手机设备的状态栏(苹果手机的刘海区域)重叠在一起了,没有能够自适应布局,进而影响功能使用。我们将之前自定义的 MyAppBar 和 MyScaffold 类替换为 flutter/material.dart 库中定义的 AppBar 和 Scaffold 组件,可以看到手机设备状态栏布局,程序很好地进行了适配,如图 11-11 所示。

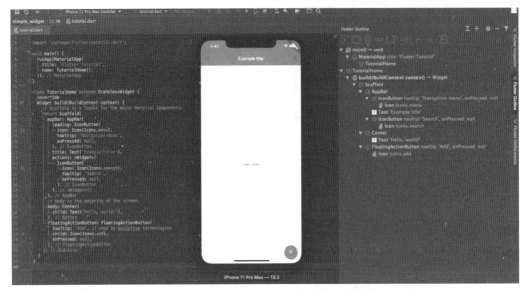

图 11-11　基于 material.dart 库的自适应布局

　　Scaffold 组件将几个不同的 Widget 作为命名参数，每个 Widget 都会自动放在了
Scaffold 布局中的约定位置。类似地，AppBar 组件构造函数的 leading、title、actions 命名参
数传递的都是 Widget 类型。

　　MaterialApp 表示使用 Material Design 风格的应用程序。默认情况下，非 Material
App 不包含 AppBar、标题和背景颜色。Material Design（材料设计语言）是由 Google 推出
的设计语言，这种设计语言旨在为手机、平板电脑、台式
机和"其他平台"提供更一致、更广泛的"外观和感觉"。
Material Design 更关心系统反应的质感、层次、深度和其
他物体的叠放逻辑。

11.3　Cupertino 组件风格

　　Cupertino 组件是 Flutter 实现的一组苹果风格的组
件。使用时需要先声明：import package：flutter/cupertino.
dart。

　　图 11-12 显示了一个 iOS 风格的 ActionSheet 组件
效果。

图 11-12　iOS 风格的
ActionSheet 组件

对应的源代码如下：

```
import 'package:flutter/cupertino.dart';

void main() =>runApp(MyApp());

class MyApp extends StatelessWidget {
  @override
  Widget build(BuildContext context) {
    return CupertinoApp(
      home: HomeScreen(),
      theme: CupertinoThemeData(primaryColor: Color.fromARGB(255, 0, 0, 255)),
    );
  }
}

class HomeScreen extends StatelessWidget {
  @override
  Widget build(BuildContext context) {
   return CupertinoPageScaffold(
     navigationBar: CupertinoNavigationBar(
       middle: Text("Cupertino组件"),
       ),
       child: Container(
         child: Center(
           child: CupertinoButton(
             onPressed: () {
               showCupertinoModalPopup(
                 context: context,
                 builder: (context) {
                   return CupertinoActionSheet(
                     title: Text("手机"),
                     message: Text("选一个手机"),
                     actions: <Widget>[
                         CupertinoActionSheetAction(
                           child: Text("苹果手机"),
                           onPressed: () {
```

```
                    },
                  ),
                  CupertinoActionSheetAction(
                    child: Text("安卓手机"),
                    onPressed: () {
                    },
                  ),
                ],
              );
            });
          },

          child: Text("点我"),
        ),
      ),
    ),
  );
  }
}
```

我们可以看到凡是 iOS 显示风格的组件，其组件名前都有 Cupertino 的前缀声明。

11.4　手势组件

　　本章开头我们提到过，在 Flutter 中一切皆为组件，手势也不例外。GestureDetector 组件能识别用户的手势，当监测到用户触碰事件时，GestureDetector 会调用其 onTap() 回调函数。图 11-13 展示了一个 onTap 事件调用的示例。

图 11-13　onTap 事件调用

查看底层代码,可以看到 onTap 定义为 final GestureTapCallbackonTap;而 Gesture-TapCallback 定义为 typedef GestureTapCallback = void Function();所以,我们就不难理解图 11-13 中第 14 行到第 16 行代码的写法了。

我们还可以使用 GestureDetector 检测其他各种输入的手势,包括点击、拖动和缩放。

图 11-9 和图 11-11 示例中 IconButton 的 onPressed 事件与 onTap 事件本质是一样的,因为 onPressed 也定义为 GestureTapCallback 回调函数类型。

11.5　StatelessWidget 和 StatefulWidget

无状态 Widget(StatelessWidget)接收的参数来自于它的父级 Widget,它们储存在 final 实例变量中。当 StatelessWidget 需要被 build()时,就是用这些存储的变量为创建的 widget 生成新的参数。当 Widget 的用户交互只依赖于配置信息和构建它的上下文环境时,使用 StatelessWidget 是有用的。

而 StatefulWidget 提供了更多的用户交互支持。其中 Widget 是临时对象,用于构造应用当前状态的展示。而 State 对象在调用 build()期间是持久保持的,以此来存储信息。

图 11-14 是一个简单的 StatefulWidget 示例。

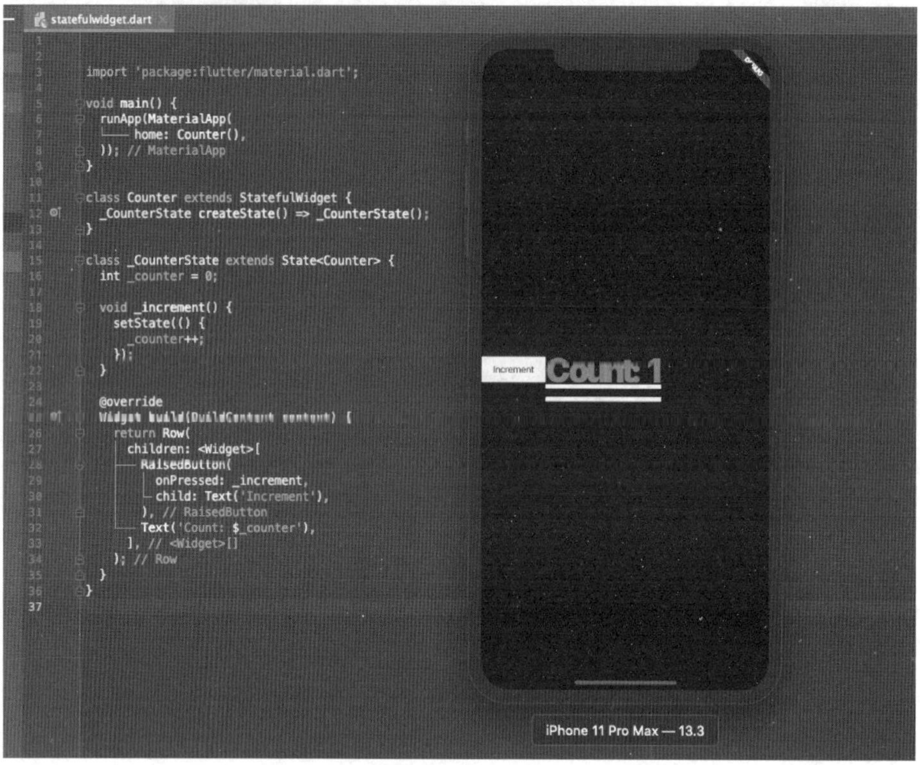

图 11-14　一个简单的 StatefulWidget 示例

在布局 StatefulWidget 类型组件时，Flutter Framework 会自动调用它的 createState 方法（图 11-14 中第 12 行代码），并同时触发运行 build 方法（图 11-14 中第 25 行代码）返回构建的具体 Widget 对象。而执行 State 对象里的 setState 方法（图 11-14 中第 19 行代码）会再次触发运行 build 方法。

11.6　Flutter Plugin 图标含义

前面的代码示例中可以看到 Flutter Inspector 和 Flutter Outline 有不同的图标的显示，不同颜色和形状代表不同类型的信息，可以从图 11-15 中对应的文件名大致理解一二，供读者参考。了解这些图标的含义，有助于对程序结构有个快速的理解。

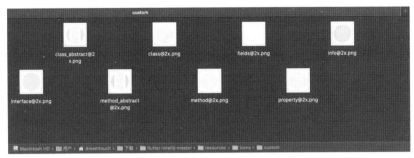

图 11-15　Flutter Plugin图标含义

11.7　实验六

设计合理的 Widget 布局和事件响应,将实验四 Dart 命令行程序改版为 Flutter Material App类型的程序。

第12章

布局及常见组件

前面介绍了基础组件及各种主题风格组件,如再添加一些布局元素,就可以实现一些基础的页面了。本章中,我们将讲解布局及装饰组件的基本用法,包括:

✔ 组件树

✔ 横向或纵向布局

✔ 组件的对齐方式

✔ 嵌套行和列布局

✔ Container 组件

✔ GridView 组件

✔ ListView 组件

✔ Stack 组件

✔ Card 组件

✔ ListTile 组件

前面几个章节里,我们已经接触了一些 Flutter Widget 相关的知识点。本章参考官方示例(https://flutter.cn/docs/development/ui/layout)进一步展开说明。如果读者有 Web CSS3、Android Activity/Fragment Layout、iOS Storyboard、Xib 等 UI 布局经历,将更加容易理解 Flutter 的布局方式。

本章代码的下载地址为:

http://flutter.hixiaowei.com/samples/layout_demos.zip。

12.1 组件树

Flutter 布局的核心机制是 Widgets。可以通过组合 Widgets 来构建更复杂的 Widgets 来创建布局,图 12-1 为一个 UI 片段示例。

图 12-1 一个 UI 片段

对应的组件树（Widgets Tree）如图12-2所示，它类似于Web里的DOM树。

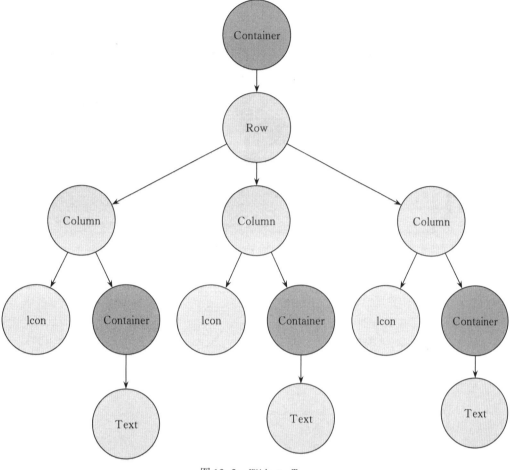

图 12-2　Widgets Tree

12.2　横向或纵向布局

Row和Column是两种最常用的布局模式，图12-3和图12-4可以很直观地看到这种布局的特点，这两种布局在第11章示例代码中也曾出现过，使用方法比较简单，我们不再展开说明。

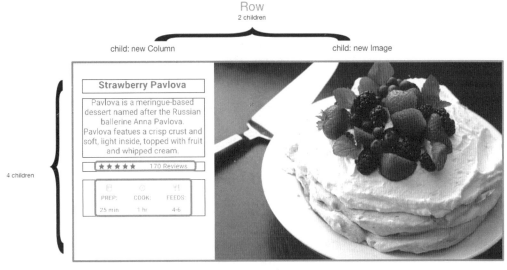

图 12-3   Row 布局

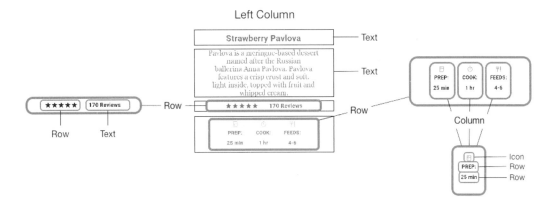

图 12-4   Column 布局

12.3   组件的对齐方式

我们可以使用 mainAxisAlignment 和 crossAxisAlignment 枚举属性控制行或列对齐其子项的方式，如图 12-5 所示。MainAxis（主轴）表示与当前控件方向一致的轴，而 CrossAxis（交叉轴）就是与当前控件方向垂直的轴。

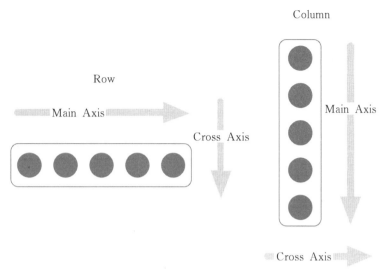

图12-5 对齐子项

图12-6程序演示了一个图像列表对齐示例,图中矩形框出的代码或配置部分是需要读者特别注意的。

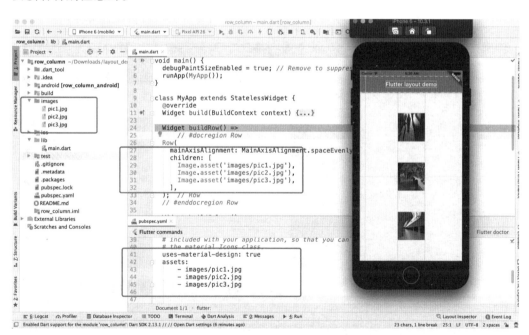

图12-6 图像列表对齐示例

图12-6示例中需要对pubspec.yaml文件进行配置修改。pubspec.yaml是项目构建配置部分,当它内容发生改变时,需要先获取对应的包依赖,点击Pub get即可。

main.dart第5行代码将debugPaintSizeEnabled设置为true以后,可以看到运行程序时的可视化布局,这将便于开发者在开发阶段中理解布局的原理或发现和解决可能存在的布局问题。在我们程序正式发布时,读者应当将 debugPaintSizeEnabled=true 的代码删除掉。

本例中需要展示本地的图片集,除了需要在项目本地增加图片文件外(如图 12-6 所示的 images 目录下),同时还需要在 pubspec.yaml 的 flutter 节点下增加 assets 的文件配置(图 12-6 中文件 pubspec.yaml 第 42 行到第 45 行)。

main.dart 中第 39 行代码:Column 的 mainAxisAlignment 属性被设置为 MainAxisAlignment.spaceEvenly,表明图片集在主轴的方向以均匀分布对齐的方式显示。读者可以将第 19 行 buildColumn 方法替换为 buildRow 方法,则可以看到图片集水平布局的效果。更多的对齐属性可以参见:https://api.flutter.dev/flutter/rendering/MainAxisAlignment-class.html。

12.4 嵌套行和列布局

通过嵌套行和列的方式,我们可以构建出更为复杂的布局效果。我们参考一个开源示例项目:巴甫洛娃蛋糕。源项目下载地址如下:https://github.com/cfug/flutter.cn/tree/master/examples/layout/pavlova,项目运行效果如图 12-7 中 iPad Pro 模拟器界面所示。

图 12-7　巴甫洛娃蛋糕项目运行效果

本例的布局适用于平板横屏模式,如果读者手头没有任何平板设备,可以选择创建一个安卓的 Tablet 类型模拟器,如图 12-8 所示。

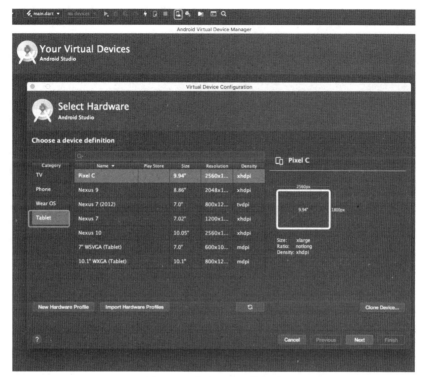

图12-8 安卓Tablet模拟器

或者可以更改苹果模拟器应用Simulator,选择 Hardware > Device 菜单 > iPad 类设备,选择 Hardware > Rotate 菜单将其方向更改为横向模式。

为了最大限度地减少高度嵌套的布局代码可能导致的视觉混乱,以及代码难以复用的情况,我们可以将 UI 布局中的子组件通过定义变量的方式来引用,如图12-7中第158行的 mainImage 变量代表了一张图片(第136–138行)。

读者可以看到图12-7中 iPad Pro模拟器运行图最右侧有一个斜线条纹区域(实际显示的黄黑条纹区),这是 Flutter 自动标记界面界面溢出(overflow)的标记,具体控制台错误输出如下:

```
Launching lib/main.dart on iPad Pro (9.7-inch) in debug mode...
Running Xcode build...
Xcode build done.                                    42.7s
flutter: ═══╡ EXCEPTION CAUGHT BY RENDERING LIBRARY ╞═══
═══════════════════════════════════════════════════════

═══════════════════════════════════════════════════════
flutter: The following assertion was thrown during layout:
flutter: A RenderFlex overflowed by 312 pixels on the right.
flutter:
```

flutter: User-created ancestor of the error-causing widget was:

flutter: Card file:///Users/dreamtouch/zqy/projects/pavlova/lib/main.dart:150:18

flutter:

flutter: The overflowing RenderFlex has an orientation of Axis.horizontal.

flutter: The edge of the RenderFlex that is overflowing has been marked in the rendering with a yellow and

flutter: black striped pattern. This is usually caused by the contents being too big for the RenderFlex.

flutter: Consider applying a flex factor (e.g. using an Expanded widget) to force the children of the

flutter: RenderFlex to fit within the available space instead of being sized to their natural size.

flutter: This is considered an error condition because it indicates that there is content that cannot be

flutter: seen. If the content is legitimately bigger than the available space, consider clipping it with a

flutter: ClipRect widget before putting it in the flex, or using a scrollable container rather than a Flex,

flutter: like a ListView.

flutter: The specific RenderFlex in question is: RenderFlex#af837 relayoutBoundary=up10 OVERFLOWING:

flutter: creator: Row ← Semantics ←DefaultTextStyle←AnimatedDefaultTextStyle ←

flutter: _InkFeatures-[GlobalKey#36077 ink renderer] ←NotificationListener< LayoutChangedNotification>←

flutter: CustomPaint← _ShapeBorderPaint←PhysicalShape← _MaterialInterior ← Material ← Padding ←···

flutter: parentData: <none> (can use size)

flutter: constraints: BoxConstraints(0.0<=w<=1016.0, h=592.0)

flutter: size: Size(1016.0, 592.0)

flutter: direction: horizontal

flutter: mainAxisAlignment: start

flutter: mainAxisSize: max

flutter: crossAxisAlignment: start

flutter: textDirection: ltr

flutter: verticalDirection: down

```
flutter: ◢◤ ◢◤ ◢◤ ◢◤ ◢◤ ◢◤ ◢◤ ◢◤ ◢◤ ◢◤ ◢◤ ◢◤ ◢◤ ◢◤ ◢◤
        ◢◤ ◢◤ ◢◤ ◢◤ ◢◤ ◢◤ ◢◤ ◢◤ ◢◤ ◢◤ ◢◤ ◢◤ ◢◤ ◢◤
        ◢◤ ◢◤ ◢◤ ◢◤ ◢◤ ◢◤ ◢◤ ◢◤ ◢◤ ◢◤ ◢◤ ◢◤ ◢◤ ◢◤
flutter: ═══════════════════════════════════════════
        ═══════════════════════════════════════════
        ═══════════════════════════════════════════
Syncing files to device iPad Pro（9.7-inch）...
```

下面我们给出这个问题发生的底层原因以及解决方法,可以帮助读者更好地理解 Flutter 布局的计算原理。

从上面错误输出信息第8行可以看到,整体宽度溢出了312个像素(A RenderFlex overflowed by 312 pixels on the right)。为什么是312个像素呢?我们一步步来分析下。首先本例中我们选择的设备是 iPad Pro(9.7-inch),它的逻辑分辨率是1024×768,我们从 Flutter Inspector 里也可以看到,参见图12-9的 MediaQueryData 部分。

图12-9 MediaQuery 分辨率信息

图12-7中第149行代码 height:600 限制了 Card 组件的最大高度,Card 本身内部上下左右的 margin 都为4个像素,所以第151行 Row 的高度为600-4-4=592个像素,同样宽度为1024-4-4=1016个像素,图12-10中矩形框标记了 Card 的 height 和 margin 的值。

图 12-10　Card 组件的 height 和 margin 值

第 151 行 Row 有 2 个 Widgets，第 1 个为第 155 行的 Container 组件，其宽度为 440 像素。第 2 个为第 158 行的 Image 组件，该 image 引用的是 pavlova.jpg 图片文件（见第 137 行）。

从图 12-11 中可以看到 pavlova.jpg 图片的分辨率是 1280×853，它的对齐方式为 BoxFit.cover，这种对齐方式在保持图片比例不失真的前提下，尽可能地充满父容器，所以图片的宽度被等比缩小到：1280×592/853=888.347 个像素。

图 12-11　图片的物理分辨率值

综合以上的分析,Row可视宽度为1016个像素,它的2个子Widget宽度之和为440+888.37个像素,同时Row默认布局方式是MainAxisAlignment.start,所以是右侧溢出了440+888.37-1016=312个像素。

读者也可以通过Flutter Inspector的Render Tree的功能,查看到具体Widget的高宽度信息,以进一步验证上面的分析,如图12-12所示。

图12-12　通过Render Tree功能查看Widget信息

问题分析清楚了,我们就可以着手解决以上问题,无非有这么几个方法:
(1)将图片的物理尺寸宽度控制在888-312=576像素以内;
(2)将图片超出的312像素裁剪掉,不显示;
(3)为Row组件增加水平滚动条;
(4)设置图片为拉伸充满容器的模式,如BoxFit.fill;
(5)重新裁剪物理图片大小和比例,以适应布局;
(6)重新设计布局方案,如将Row改为Column;
(7)更换更高分辨率的平板设备,如12.9-inch iPad Pro。

下面我们使用方法(1)来解决溢出问题,很容易想到使用图12-13所示的代码:

```
136    final mainImage = Image.asset(
137        'images/pavlova.jpg',
138        width: 576,
139        fit: BoxFit.cover,
140    );
```

图12-13　限制图片的宽度

或者使用图 12-14 中第 158 行到第 161 行代码段。

图 12-14　限制图片父容器的宽度

显然我们不可能每次都去计算 576 这个数值,并且使用具体的数字也无法做到自动适配各种分辨率的设备。除了以上列举的 7 个方法外,我们还有另外的选择,可以使用 Expanded 组件来达到自适应效果,将原先的 mainImage 对象放入 Expanded 容器中,运行效果如图 12-15 所示。

```
Expanded(
        child: mainImage,
        ),
```

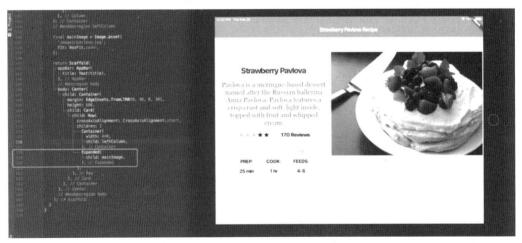

图 12-15　Expanded 容器运行效果

✔ 试一试

　　读者尝试用上述方法(2)和方法(3),解决显示溢出问题。解决思路可以参考控制台输出的提示:"If the content is legitimately bigger than the available space, consider clipping it with a ClipRect widget before putting it in the flex, or using a scrollable container rather than a Flex, like a ListView."

12.5　Container组件

　　通过前面的几个例子,我们已经对Container的作用了有了比较直观的认识。Container可以设置padding、margins、borders,改变背景色或者图片,但只包含一个子Widget。这个子Widget可以是行、列或者是Widget树的根widget。Container类似于Web的div标签的盒模型,如图12-16所示。

图12-16　盒模型

　　Container边框外观可以通过BoxDecoration类进行控制。下列代码生成了一个边界宽度为8,颜色为黑色,内部填充色为蓝色,边框圆角半径为12像素的Container。

```
Container(
decoration:BoxDecoration(
    color: Colors.blue,
    border: Border.all(
      color: Colors.black,
      width: 8,
    ),
    borderRadius: BorderRadius.circular(12),
),
)
```

12.6　SizedBox 组件

　　SizedBox 组件的两种用途之一就是创建精确的尺寸。当 SizedBox 包裹了一个 Widget 时，它会使用 height 和 width 调整其大小。如果它没有包裹 Widget，可以使用 height 和 width 属性创造空的占位空间。下面示例代码生成了一个宽为 100 像素，高为 50 像素的布局空间。

```
SizedBox(
    width: 100,
    child: Container(
        width: 50,
        height: 50,
    )
)
```

12.7　GridView 组件

　　GridView 组件将 Widgets 作为二维列表展示。当 GridView 检测到内容太长而无法适应渲染盒约束时，它就会自动支持滚动显示。盒约束是指 Widget 根据指定限制条件来决定自身如何占用布局空间。下面是一个简单的 GridView 组件的使用示例片段，该代码创建了一个 3 行 2 列的布局，运行效果如图 12-17 所示。

```
body: GridView.count(
        padding: const EdgeInsets.all(20),
        crossAxisSpacing: 5,
        mainAxisSpacing: 20,
        crossAxisCount: 2,
        children: <Widget>[
Container(
            padding: const EdgeInsets.all(8),
            child: const Text("Row 1 Col 1"),
```

```
                color: Colors.grey,
            ),
///以下5个Container代码省略
```

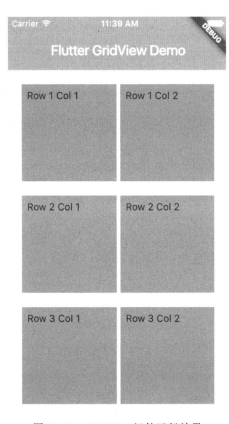

图12-17　GridView组件运行效果

12.8　ListView 组件

ListView组件是同Colum组件相似的Widget,当内容长于自己的渲染盒约束时,就会自动支持滚动。ListView的代码示例如下。

```
Widget build(BuildContext context) {
    final List<String> entries = <String>['small', 'medium', 'large'];
    ListView lv=ListView.separated(
```

```
        padding: const EdgeInsets.all(8),
        itemCount: entries.length,
        itemBuilder: (BuildContext context, int index) {
          return Container(
            height: 20.0*(index+1),
            color: Colors.grey,
            child: Center(child: Text('${entries[index]}')),
          );
        },
        separatorBuilder: (BuildContext context, int index) => const Divider(),
    );
    return Scaffold(
      appBar: AppBar(
              title: Text(widget.title),
      ),
      body:lv
    );
  }
```

上述代码使用了 ListView 组件的一个特殊构造方法 separated，可以设置 ListView 的每个条目 item 组件以及每个条目之间的分割符设置，运行效果如图 12-18 所示。

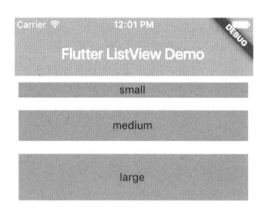

图 12-18　ListView 组件运行效果

12.9　Stack 组件

Stack 组件在基础 Widget（通常是图片）上排列 Widget。Stack 组件可以完全或者部分覆盖基础 Widget。

下列 Stack 示例代码中 Container 组件覆盖在 CircleAvatar 组件之上,运行效果如图
12-19 所示。

```
Stack(
     alignment: const Alignment(0, 0),
     children: [
CircleAvatar(
backgroundImage: AssetImage('images/groupones.jpg'),
         radius: 100,
       ),
       Container(
         decoration: BoxDecoration(
           color: Colors.black,
         ),
       child: Text(
           'Groupones',
           style: TextStyle(
           fontSize: 20,

           fontWeight: FontWeight.bold,
           color: Colors.white,
         ),
       ),
       ),
     ],
)
```

图 12-19　Stack 组件运行效果

12.10　Card 组件

　　Card 组件通常和 ListTile 组件一起使用。Card 只有一个子项，这个子项可以是列、行、列表、网格或者其他支持多个子项的 Widget。默认情况下，Card 的大小是 0×0 像素，我们可以使用 SizedBox 来控制 Card 的大小，示例代码如下。

```
SizedBox(
    height: 210,
    child: Card(
      child: Column(
        children: [
          ListTile(
            title: Text('LiuHe Road',
                style: TextStyle(fontWeight: FontWeight.w500)),
            subtitle: Text('Hangzhou, ZheJiang'),

            leading: Icon(
              Icons.school,
              color: Colors.blue[500],
            ),
          ),
          Divider(),
          ListTile(
            title: Text('0571-85888888',
                style: TextStyle(fontWeight: FontWeight.w500)),
            leading: Icon(
              Icons.contact_phone,
              color: Colors.blue[500],
            ),
          ),
          ListTile(
            title: Text('zhou_qunyi@163.com'),
            leading: Icon(
              Icons.contact_mail,
              color: Colors.blue[500],
```

```
                    ),
                  ),
                ],
              ),
            ),
          )
```

上述代码运行效果如图12-20所示。

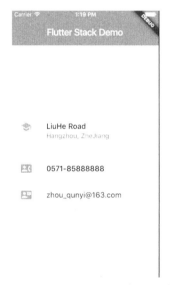

图12-20　Card和ListTile组件运行效果

12.11　ListTile组件

ListTile可以很轻松地创建一个包含三行文本以及可选的行前和行尾图标的行。ListTile在Card或者ListView中最常用，但是也可以在别处使用。Card组件示例代码中已经包含了ListTile组件的使用方法。

12.12　进一步学习

Flutter的组件库非常丰富，限于篇幅，我们无法一一列举，所以还需要读者进一步的自学和实践。我们这里提供几个学习参考链接。

✔ 布局基本练习

地址：https://flutter.cn/docs/codelabs/layout-basics

读者将学习到 Row、Column、Container、Flexible、Expanded、SizedBox、Text、Spacer、Icon、Image 等基本组件的基础用法。

✔ 完整布局练习

地址：https://flutter.cn/docs/development/ui/layout/tutorial

读者将学习如何从 UI 设计稿一步步构建一个完整的 Flutter 布局。

✔ 官方 Widgets 示例库

地址：https://flutter.github.io/samples/#/

这里有各种 Material Widget 在线效果演示，包括源代码，建议读者都能够了解，能够对常见的 Widget 特点有个初步认知。这样在今后实际界面布局时，大致知道选择什么类型的 Flutter 组件。

12.13　实验七

选择合适的 Widget 和布局方案，实现图 12-21 中左右两个界面的布局效果。

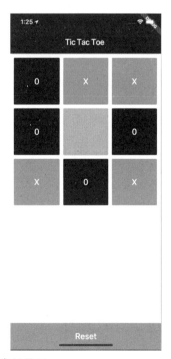

图 12-21　实验七布局界面

第 13 章

UI 交互控制

有些 Widgets 是有状态的,有些是无状态的。如果用户与 Widget 交互,Widget 外观形态会发生变化,那么它就是有状态的,否则它就是无状态的 Widget。一个有状态的 Widget 的状态保存在一个 State 对象中,它和 Widget 的显示分离。

本章中,我们将介绍 UI 交互控制的相关知识,包括:

✔ Widget 状态变化

✔ Form 及相关表单组件

本章代码的下载地址为:

http://flutter.hixiaowei.com/samples/control_demos.zip。

13.1　Widget 状态变化

如果状态是用户数据,如复选框的选中状态、滑块的位置,则该状态最好由父 Widget 管理。如果所讨论的状态是有关界面外观效果的,例如动画,那么状态最好由 Widget 本身来管理。

一般来说父 Widget 管理状态并告诉其子 Widget 何时更新通常是最合适的,我们来分析下官方的一个示例,如图 13-1 所示。

该示例的功能是点击中心灰框,文字会由 Inactive 更改为 Active,背景由灰色填充变为绿色填充,反之亦然。下面对关键代码进行解释:

第 23 行代码表明 TapboxB 是 ParentWidget 的子 Widget,控制 TapBoxB 的外观的关键变量 active 是由 ParentWidget 的变量 _active(代码第 12 行)赋值给 TapBoxB 的 active 变量(代码第 24 行)。

第 32 行 TapboxB 构造函数的命名参数 this.onChanged 的修饰符 @required 表示 this.onChanged 是必须要初始化的。当然读者也可以这样定义必要参数的形式,如 TapboxB (this.onChanged,{Key key, this.active：false}),但并没有命名参数的形式直观。

第 36 行 final　ValueChanged<bool>onChanged 的 ValueChanged 是 Dart 内置的一种类型,它的定义如下:

```
typedef ValueChanged<T> = void Function(T value);
```

如果读者还不习惯这种用法,第 36 行可以直接改为 final Function onChanged,也不影响程序运行效果。或者是改成下面的形式:

```
typedef TapboxBChanged = void Function(bool);
...
final TapboxBChangedonChanged;
```

我们要逐步习惯将函数(事件)作为另外一个函数参数的使用方法,这是一种委托(delegate)的设计模式。

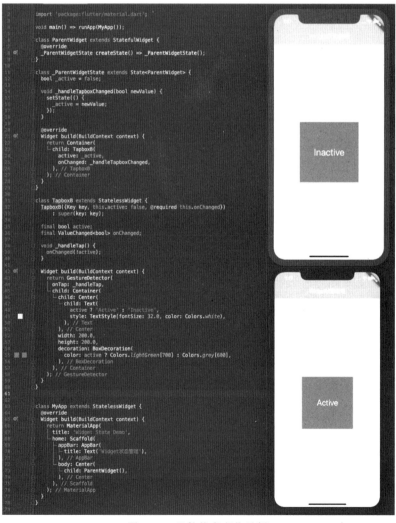

图 13-1　组件状态变化示例

13.2 Form及相关表单组件

这节,我们将开始做一个登录界面,巩固下我们前几章学习的知识,以及了解一些新的Widget的用法。界面图大致如图13-2所示。

图13-2 登录界面示例

如果读者了解一些Web程序设计的知识,将很容易将整个页面布局跟Form表单标签联系起来。Flutter里确实也有Form组件,下面我们来看下它的基本用法。

Form组件是将多个表单域(如TextField)组合显示的一种容器Widget。每个单独的表单域需要被它们父类FormField包裹。通过调用FormState对象方法保存、重置或验证每个表单域。我们可以通过Form.of(context)方法或者GlobalKey.currentState的方式获取FormState对象实例。(注:通过Form的父context得到的Form.of(context)可能是null,所以推荐读者使用currentState的方式)。

TextField组件是一种Material Design风格的文本域。TextField允许用户通过硬件键盘或屏幕上的软键盘输入文本信息。当用户改变文本内容时,TextField会调用onChange回调函数。当用户结束输入时,则会调用onSubmitted回调函数。如果要将TextField跟其他表单域一起放在表单中,则考虑使用TextFormField组件。下面是一个TextFormField的基本使用方式,如图13-3所示。

```
import 'package:flutter/material.dart';

void main() => runApp(MyApp());

/// This Widget is the main application widget.
class MyApp extends StatelessWidget {...}

class MyStatefulWidget extends StatefulWidget {
  MyStatefulWidget({Key key}) : super(key: key);

  @override
  _MyStatefulWidgetState createState() => _MyStatefulWidgetState();
}

class _MyStatefulWidgetState extends State<MyStatefulWidget> {
  final _formKey = GlobalKey<FormState>();

  @override
  Widget build(BuildContext context) {
    return Form(
      key: _formKey,
      child: Column(
        crossAxisAlignment: CrossAxisAlignment.start,
        children: <Widget>[
          TextFormField(
            decoration: const InputDecoration(
              hintText: 'Enter your email',
            ), // InputDecoration
            validator: (value) {
              if (value.isEmpty) {
                return 'Please enter some text';
              }
              return null;
            },
          ), // TextFormField
          Padding(
            padding: const EdgeInsets.symmetric(vertical: 16.0),
            child: RaisedButton(
              onPressed: () {
                if (_formKey.currentState.validate()) {
                  // Process data.
                }
              },
              child: Text('Submit'),
            ), // RaisedButton
          ), // Padding
        ], // <Widget>[]
      ), // Column
    ); // Form
  }
}
```

图 13-3　TextFormField 的基本使用方式

可以使用 TextEditingController 控制 TextField 和 TextFormField 文本的显示、选中以及撰写部分。下例展示检测文本变化的两个方法。其中,在 State 的 initState 方法中增加 TextEditingController 监听,在 dispose 方法里释放 TextEditingController 对象。initState 在 State 创建时只调用一次,dispose 在 state 完全释放时调用。

```
import 'package:flutter/material.dart';

void main()=>runApp(MyApp());

class MyApp extends StatelessWidget {
  @override
  Widget build(BuildContext context) {

    return MaterialApp(
        title: 'Retrieve Text Input',
        home: MyCustomForm(),
    );
```

```
  }
}

class MyCustomForm extends StatefulWidget {
  @override
  _MyCustomFormStatecreateState()=> _MyCustomFormState();
}

class _MyCustomFormState extends State<MyCustomForm> {

  final myController = TextEditingController();

  @override
  void initState() {
    super.initState();
    myController.addListener(_printLatestValue);
  }

  @override
  void dispose() {
    myController.dispose();
    super.dispose();
  }

  _printLatestValue() {
   print("Second text field: ${myController.text}");
  }

  @override
  Widget build(BuildContext context) {
    return Scaffold(
      appBar: AppBar(
        title: Text('Retrieve Text Input'),
      ),
        body: Padding(
          padding: const EdgeInsets.all(16.0),
```

```
        child: Column(
          children: <Widget>[
          TextField(
          onChanged: (text) {

       print("First text field: $text");
              },
            ),
            TextField(
              controller: myController,
              ),
          ),
        ),
      );
    }
  }
```

默认地,TextField 和 TextFormField 有个 decoration 参数指明用来绘制文本区域的边界类型,decoration 参数是 InputDecoration 类。InputDecoration 类的 labelText 和 hintText 的基本属性,如图 13-4 所示,其他属性也很容易理解,限于篇幅这里不展开表述了。

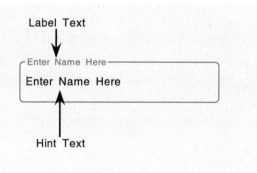

图 13-4　LabelText 和 HintText 的基本属性

学习了上面 Form 表单的一些基本概念,下面完整的登录页面布局和交互逻辑代码理解起来相对会容易一些,这些代码比较长,建议读者下载本章代码阅读。

```
import  ' package:flutter/material.dart ' ;

void main()=>runApp(MyApp());
```

```dart
class MyApp extends StatelessWidget {
  @override

  Widget build(BuildContext context) {
    return MaterialApp(
      title: 'Flutter Login Demo',
      theme: ThemeData(
        primarySwatch: Colors.blue,
      ),

      home: LoginWidget(),
    );
  }
}

class LoginWidget extends StatelessWidget {
  @override
  Widget build(BuildContext context) {
    return Scaffold(
      body: LoginForm(),
    );
  }
}

class LoginForm extends StatefulWidget {
  const LoginForm({Key key}):super(key:key);

  @override
  LoginFormStatecreateState()=>LoginFormState();
}

class PasswordField extends StatefulWidget {
  const PasswordField({
    this.fieldKey,
    this.hintText,
    this.labelText,
    this.helperText,
```

```dart
    this.validator,
  });

  final Key fieldKey;
  final String hintText;
  final String labelText;
  final String helperText;
  final FormFieldValidator<String> validator;

  @override
  _PasswordFieldState createState() => _PasswordFieldState();
}

class _PasswordFieldState extends State<PasswordField> {
  bool _obscureText = true;
@override
  Widget build(BuildContext context) {
    return TextFormField(
      key: widget.fieldKey,
      obscureText: _obscureText,
      cursorColor: Theme.of(context).cursorColor,
      maxLength: 8,
      validator: widget.validator,
      decoration: InputDecoration(
        filled: true,
        icon: Icon(Icons.lock),
        hintText: widget.hintText,
        labelText: widget.labelText,
        helperText: widget.helperText,
        suffixIcon: GestureDetector(
          onTap: () {
          setState(() {
              _obscureText=!_obscureText;
            });
          },
          child: Icon(
            _obscureText ?Icons.visibility:Icons.visibility_off
```

```
          ),
        ),
      ),
    );
  }
}

class LoginFormState extends State<LoginForm> {
  void showInSnackBar(String value) {
   Scaffold.of(context).hideCurrentSnackBar();
   Scaffold.of(context).showSnackBar(SnackBar(
      content: Text(value),
    ));
}

  bool _autoValidate = false;
  final GlobalKey<FormState> _formKey = GlobalKey<FormState>();

  void _handleSubmitted() {
    final form = _formKey.currentState;
    if (!form.validate()) {
      _autoValidate = true; // Start validating on every change.
      showInSnackBar(
        "登录前请先修复红色提示错误!",
      );
    } else {
    form.save();
    showInSnackBar("登录成功");
    }
  }

  String _validateName(String value) {
    if (value.isEmpty) {

      return "账号不能为空";
    }
    final nameExp = RegExp(r' ^[A-Za-z ]+$ ');
```

```
    if (!nameExp.hasMatch(value)) {
      return "账号只能是英文字母";
    }
    return null;
}


@override
Widget build(BuildContext context) {
  final cursorColor = Theme.of(context).cursorColor;
  const sizedBoxSpace = SizedBox(height: 24);

  return Scaffold(
    body: Form(
      key: _formKey,
      autovalidate: _autoValidate,
      child: Center(
        child: Container(
          padding: const EdgeInsets.symmetric(horizontal: 24),
          child: Column(
          crossAxisAlignment: CrossAxisAlignment.start,
            children: [
              SizedBox(height: 96),
              TextFormField(
                cursorColor:cursorColor,
                decoration:InputDecoration(
                  filled:true,
                  icon:Icon(Icons.person),
                  hintText:"groupones",
                  labelText:


                  "请输入登录账号*",
                ),
                validator: _validateName,


              ),
              sizedBoxSpace,
              PasswordField(
```

```
                    helperText:
                      "密码长度不超过8位",
                    labelText:
                      "请输入登录密码*",
                  ),
                  sizedBoxSpace,
                  Expanded(
                    child:  Center(
                      child: RaisedButton(
                        color: Colors.blue,
                        textColor: Colors.white,
                        child: Text("登录"),
                        onPressed: _handleSubmitted,
                      ),
                    ),
                  ),
                ],
              ),
            ),
          ),
        ),
      );
    }
}
```

以上代码还有几个特别的知识点需要进一步解释如下：

密码文本框有个小眼睛效果，我们在_PasswordFieldState类里使用_obscureText变量来跟踪这个状态，_PasswordFieldState.widget为PasswordField的实例对象。读者也可以尝试使用TextFormField派生类的方式来实现同样的效果，但后者的耦合性会强一些。

GlobalKey在一个应用中提供唯一的键值。对于StatefulWidget来说，用于访问它的state对象。GlobalKey<FormState>.currentState用于访问Form Widget的FormState。而FormState的validate和save方法则会触发Form内所有的表单域的validator和onSaved事件的回调函数。

RegExp定义了一个正则表达式模式对象，它的用法跟其他编程语言用法类似，此处不展开描述。

SnackBar是一种类似弹框展示提示用户信息的小组件，它的使用方式很简单，showSnackBar方法用于显示，hideSnackBar方法用于隐藏，如图13-5中模拟器底部弹出的界面效果。

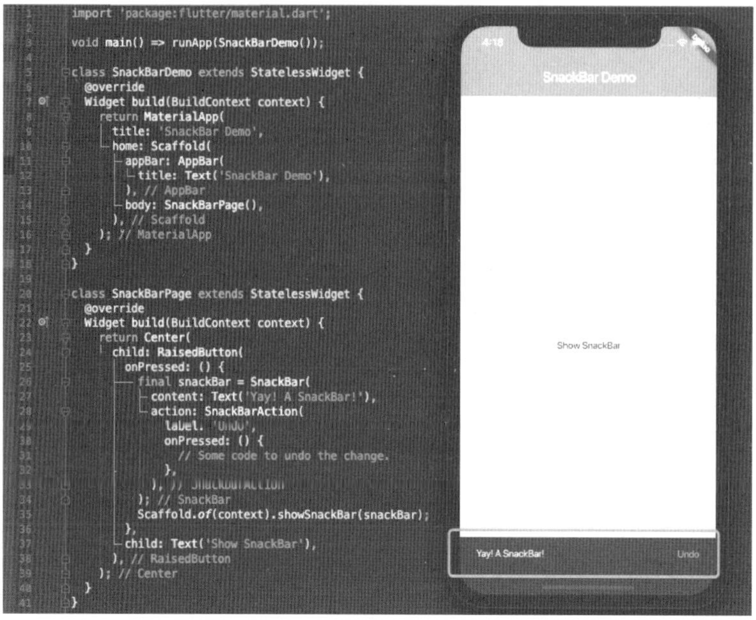
import 'package:flutter/material.dart';
void main() => runApp(SnackBarDemo());
class SnackBarDemo extends StatelessWidget {
@override
Widget build(BuildContext context) {
return MaterialApp(
title: 'SnackBar Demo',
home: Scaffold(
appBar: AppBar(
title: Text('SnackBar Demo'),
), // AppBar
body: SnackBarPage(),
), // Scaffold
); // MaterialApp
}
}
class SnackBarPage extends StatelessWidget {
@override
Widget build(BuildContext context) {
return Center(
child: RaisedButton(
onPressed: () {
final snackBar = SnackBar(
content: Text('Yay! A SnackBar!'),
action: SnackBarAction(
label: 'Undo',
onPressed: () {
// Some code to undo the change.
},
), // SnackBarAction
); // SnackBar
Scaffold.of(context).showSnackBar(snackBar);
},
child: Text('Show SnackBar'),
), // RaisedButton
); // Center
}
}
SnackBar Demo
Show SnackBar
Yay! A SnackBar!
Undo

图13-5　SnackBar组件的显示效果

如果读者觉得SnackBar的提示还不够明显，还可以选择AlertDialog模态弹框的形式，效果如图13-6所示。

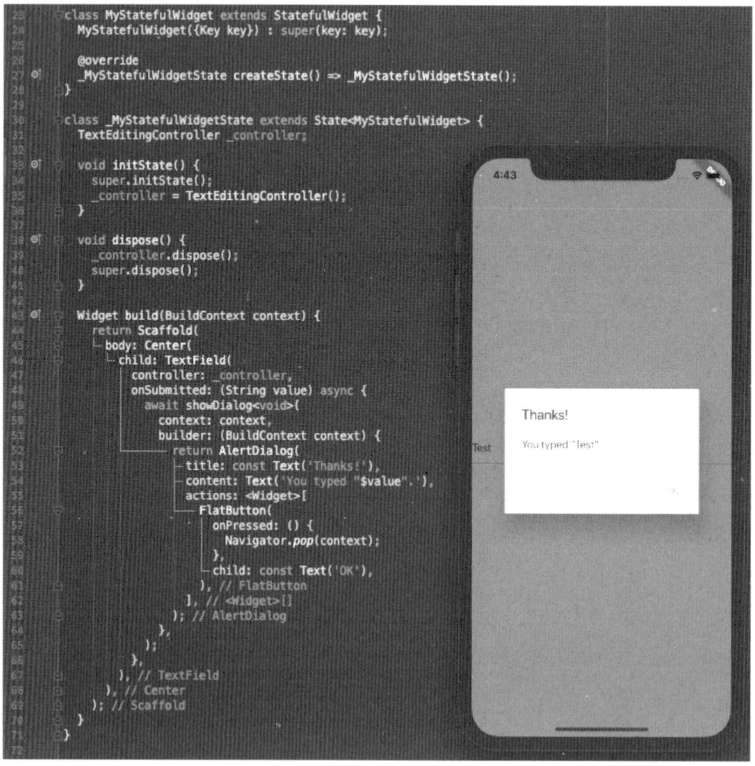
class MyStatefulWidget extends StatefulWidget {
MyStatefulWidget({Key key}) : super(key: key);
@override
_MyStatefulWidgetState createState() => _MyStatefulWidgetState();
}
class _MyStatefulWidgetState extends State<MyStatefulWidget> {
TextEditingController _controller;
void initState() {
super.initState();
_controller = TextEditingController();
}
void dispose() {
_controller.dispose();
super.dispose();
}
Widget build(BuildContext context) {
return Scaffold(
body: Center(
child: TextField(
controller: _controller,
onSubmitted: (String value) async {
await showDialog<void>(
context: context,
builder: (BuildContext context) {
return AlertDialog(
title: const Text('Thanks!'),
content: Text('You typed "$value".'),
actions: <Widget>[
FlatButton(
onPressed: () {
Navigator.pop(context);
},
child: const Text('OK'),
), // FlatButton
], // <Widget>[]
); // AlertDialog
},
);
},
), // TextField
), // Center
); // Scaffold
}
}
4:43
Thanks!
You typed "Test".
Test

图13-6　AlertDialog的弹出效果

13.3　实验八

在13.2节登录例子的基础上进行以下功能扩展:预先设定一对有效的用户名和密码,当输入账号和密码连续三次错误时,提示用户登录锁定,同时将登录按钮变灰,不能使用,并在登录按钮上显示倒计时60秒的动态效果,倒计时结束后方可再次进行登录验证。

提示:输入信息保存可以考虑使用onSaved事件,倒计时使用Timer.periodic方法。

第14章

路由导航与跨页传参

在实际的项目中,应用往往是有很多页面组成,这些页面之间需要相互传递数据及页面切换。本章中,我们将主要讲解Flutter页面导航及传参的处理,具体包括:

- ✔ 路由跳转
- ✔ 构造函数传参
- ✔ RouteSettings 传参
- ✔ 命名路由
- ✔ 命名路由传参
- ✔ 路由数据返回
- ✔ 路由跳转动画

本章示例项目源代码下载地址:

http://flutter.hixiaowei.com/samples/flutter_route.zip

14.1 路由跳转

在 Flutter 中,屏(screen)和页面(page)都叫做路由(route)。在 Android 开发中,Activity 相当于"路由",在 iOS 开发中,ViewController 相当于"路由"。在 Flutter 中,"路由"也是一个 Widget。我们可以使用 Navigator 类实现 Flutter 的路由之间的跳转。

使用 Navigator.push()方法跳转到新的路由。push()方法会添加一个 Route 对象到导航器的堆栈上。根据不同的界面风格,我们可以直接使用 MaterialPageRoute 或 CupertinoPageRoute 类。

```
Navigator.push(
    context,
    MaterialPageRoute(builder: (context) =>SomeWidget()),
);
```

　　其中 builder 参数为 WidgetBuilder 函数自定义类型，它定义为 Widget　Function（BuildContext　context），用于构建一个基于上下文的 Widget。

　　使用 Navigator.pop()方法会从导航器堆栈上移除 Route 对象。

　　一个简单的官方路由跳转示例如下：

```
class FirstRoute extends StatelessWidget {
  @override
  Widget build(BuildContext context) {
    return Scaffold(
    appBar:AppBar(
        title:Text('First Route'),
      ),
      body:Center(
        child:RaisedButton(
          child:Text('Open route'),
          onPressed:() {
            Navigator.push(
                      context,
                      MaterialPageRoute(builder: (context) =>SecondRoute()),
                  );
          },
        ),
      ),
    );
  }
}
class SecondRoute extends StatelessWidget {
  @override
  Widget build(BuildContext context) {
    return Scaffold(
      appBar:AppBar(
        title:Text("Second Route"),
      ),
        body:Center(
          child:RaisedButton(
          onPressed:() {
            Navigator.pop(context);
```

```
        },
        child:Text( ' Go back! ' ),
      ),
    ),
  );
  }
}
```

14.2 构造函数传参

　　大多数时候,路由之间跳转需要传递参数。最简单的方式,我们只需要在目的路由的构造函数增加入参接收要传递的数据即可,在上面例子的基础上,我们做了一点修改。修改部分见图 14-1 矩形框选中代码部分。

图 14-1　构造函数路由传参方式

14.3 RouteSettings传参

我们还可以使用 RouteSettings 的方式,在目的路由使用 ModalRoute.of(context).settings.arguments 获取传递的参数。路由跳转时,在 MaterialPageRoute 增加 RouteSettings 入参类型,将要传递的入参赋值给它的 arguments 参数。在第一个例子的基础上,我们做了一点修改,修改的部分见图14-2矩形框选中代码部分。

图14-2 RouteSettings路由传参方式

14.4 命名路由

如果在一个应用程序的不同页面需要导航到同一路由时,每次都需要调用重复的 Navigator.push 代码段。我们可以定义一种命名路由来简化此操作。

命名路由需要在 MaterialApp 或 CupertinoApp 构造函数中定义 initialRoute 和 routes 参数。

initialRoute 定义了 App 进入第一个的页面。routes 属性定了可用的命名路由集合，使用 Navigator.pushNamed() 调用的方式，代替之前 Navigator.push() 方式，pushNamed 方法的第 2 个参数对应 routes 属性中某一个路由名。将第一个例子改成命名路由的方式代码如下：

```
import 'package:flutter/material.dart';

void main() {
  runApp(MaterialApp(

    title: ' Named Route ' ,
    initialRoute: ' / ' ,
    routes:{
      '/':(context) =>FirstRoute(),
      '/second':(context) =>SecondRoute(),
    },
  ));
}

class FirstRoute extends StatelessWidget {
  @override
  Widget build(BuildContext context) {
    return Scaffold(
    appBar: AppBar(
        title:Text( ' First Route ' ),
      ),
        body:Center(
        child:RaisedButton(
          child:Text('Open route'),
          onPressed:() {
            Navigator.pushNamed(
              context,
               ' /second ' ,
            );
          },
        ),
```

```
    ),
    );
  }
}
class SecondRoute extends StatelessWidget {
  @override
  Widget build(BuildContext context) {
    return Scaffold(
      appBar:AppBar(
        title:Text( ' Second Route ' ),
      ),
      body:Center(
      child:RaisedButton(
        onPressed: ( ) {
          Navigator.pop(context);
        },
        child:Text( ' Go back! ' ),
      ),
      ),
    );
  }
}
```

前几章示例中的，MaterialApp构造函数的home参数，对应的"/"路由，我们可以把上例的MaterialApp构造函数改为如下方式，运行效果与修改前是一样的。

```
MaterialApp(
    title: ' Named Route ' ,
    home:FirstRoute( ),
    routes:{
        ' /second ' : (context) =>SecondRoute( ),
    },
)
```

initialRoute值一般为 ' / ' ，当然也可以指定一个具体的路由名称。routes参数里则必须包含定义 ' / ' ，因为当initialRoute路由名无效时，应用需要自动匹配 ' / ' 指向的路由，否则会抛出异常。示例代码如下：

```
initialRoute: '/first',
    routes: {
        '/': (context) =>FirstRoute(),
        '/first': (context) =>FirstRoute(),
        '/second': (context) =>SecondRoute(),
    },
```

返回到上一个路由同样使用的是 Navigator.pop(context)，也可以使用下面的代码返回到任意路由。

```
Navigator.pushNamed(
        context,
        '/first',
);
```

Navigator 类并没有公开查询堆栈数组的属性或方法，如果读者有兴趣的话，可以通过调试模式下，观察 Navigator.of(context)的_history 变量，如图 14-3 所示，我们在第 19 行代码处设置了断点。

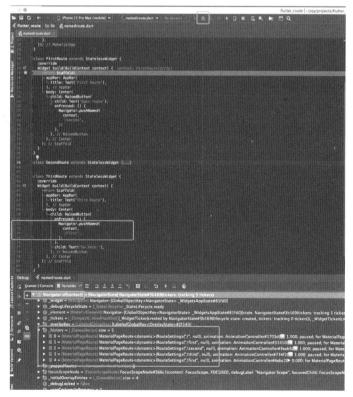

图 14-3   观察_history 变量

14.5 命名路由传参

读者同样可以使用构造函数和 RouteSettings 的类似方式为命令路由传参。pushNamed 方法可以直接使用 arguments 命名参数传参,而不需要 RouteSettings 进行参数包裹,代码类似如下:

```
Navigator.pushNamed(
            context,
             ' /second ' ,
            arguments: times++
      );
```

对于命名路由还有另外一种处理的方式,在 MaterialApp 或 CupertinoApp 构造函数里使用 onGenerateRoute() 函数来构建目的路由,同时对路由的参数进行赋值处理,代码如下:

```
import  ' package:flutter/material.dart ' ;
void main() {
runApp(MaterialApp(
    title: ' Named Route ' ,
    initialRoute: ' / ' ,
    routes: {
      ' / ' : (context) =>FirstRoute()
    },
    onGenerateRoute: (settings) {
      if (settings.name == ' /second ' ) {
      final  _times = settings.arguments;
        return MaterialPageRoute(
          builder: (context) {
            return SecondRoute(
                _times
              );
          },
        );
```

```
        }else{
            throw "mismatch route";
        }
    },
 ));
}

class FirstRoute extends StatelessWidget {
  var times = 1;
  @override

  Widget build(BuildContext context) {
    return Scaffold(
    appBar:AppBar(
        title:Text( ' First Route ' ),
      ),
        body:Center(
        child:RaisedButton(
          child:Text( ' Open route ' ),
          onPressed:( ) {
            Navigator.pushNamed(
              context,
               ' /second ' ,
              arguments:times++
            );
          },
        ),
      ),
    );
  }
}

class SecondRoute extends StatelessWidget {

  var pushed;
  SecondRoute(this.pushed);
```

```
@override
Widget build(BuildContext context) {
  return Scaffold(
    appBar: AppBar(
      title: Text("#$pushed opend"),
    ),

    body: Center(
      child: RaisedButton(
        onPressed: () {
          Navigator.pop(context);
        },
        child: Text('Go back!'),
      ),
    ),
  );
}
}
```

观察上面的代码可以看到,当routes里没有'/second'路由定义时,则系统会自动到onGenerateRoute函数中进行匹配逻辑判断,即if(settings.name == '/second')。如果onGenerateRoute函数中匹配失败,则程序抛出异常。注意onGenerateRoute:(settings){}的写法,本质上onGenerateRoute是一个泛型类的函数,settings为具体的泛型类型实例。

14.6 路由数据返回

我们有时候希望路由跳转返回后,能够从上一个路由返回一些数据进行逻辑处理,这类似于Android里的startActivityForResult()方法。Flutter的写法如下:

```
import 'package:flutter/material.dart';

void main() {
  runApp(MaterialApp(
    title: 'Route return data',
```

```dart
        home: FirstRoute(),
    ));
}

class FirstRoute extends StatefulWidget {
  @override

  FirstStatecreateState()=>FirstState();
}

class FirstState extends State<FirstRoute> {
  var dateInfo;
  @override
  Widget build(BuildContext context) {
    return Scaffold(
      appBar: AppBar(
        title: Text('First Route'),
      ),
        body: Center(
          child: RaisedButton(
            child: Text(dateInfo??="请问现在几点了？"),
              onPressed: ()  async {
              var _return = await Navigator.push(
                context,
                MaterialPageRoute(builder: (context) =>SecondRoute()),
              );

              setState(() {
              dateInfo = _return+"点";
                });
            },
          ),
        ),
      );
  }
}
```

```
class SecondRoute extends StatelessWidget {
  @override
  Widget build(BuildContext context) {
    return Scaffold(
      appBar:AppBar(
        title:Text("Second Route"),
      ),
      body:Center(
        child:RaisedButton(
          onPressed:() {
            Navigator.pop(context, DateTime.now().hour.toString());
          },
          child:Text( ' 点我 ' ),
        ),
      ),
    );
  }
}
```

　　为了功能演示需要,我们把 FirstRoute 改为 StatefulWidget 类型,在 onPressed 事件里,使用 await Navigator.push 的方式进行路由跳转。查看 Navigator.push 函数官方 api 说明,可以看到 push 的返回值实际上是一个 Future<T>类型。

```
@optionalTypeArgs
Future<T> push <T extends Object>(
  BuildContext context,
  Route<T> route
)
```

　　上例的 T 返回的是一个 String 类型,当然可以返回其他任意类型。关键字 await 表示同步等待一个过程的完成,此处就是等待 Navigator 的 pop 事件的完成,pop 事件的第 2 个参数作为 Future 的完成值返回。await 必须在 async 异步函数中执行,因此,我们在 onPressed:()后增加了 async 修饰符。
　　上述示例的代码运行效果如图 14-4 所示,其中左图代表 App 运行的初始状态,中图代表导航到第 2 个路由后的状态,右图代表从第二个路由返回到第一个路由的效果,可以看到 DateTime.now().hour.toString()返回给_return 变量,并通过 setState()更新 result 达到同步更新第一个路由界面的效果。

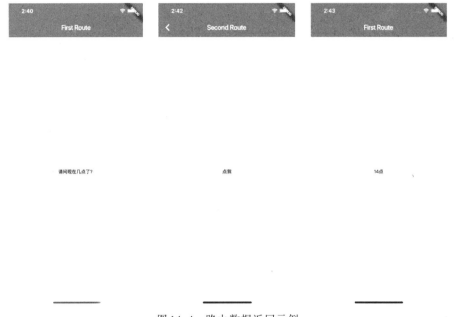

图 14-4   路由数据返回示例

14.7   路由跳转动画

MaterialPageRoute 或 CupertinoPageRoute 类控制的路由之间跳转风格是固定的。我们可以使用 push 函数的第 2 个参数 PageRouteBuilder 自定义路由跳转的动画效果，读者需要了解一些动画基本原理和 Flutter 动画相关语法，但这并不在本书讨论范围之内。如果读者有兴趣的话，可以运行下面代码，观察下它的跳转动画效果，并展开相关的深入学习。

```dart
import ' package:flutter/material.dart '

void main() {
  runApp(MaterialApp(
    title: ' Navigation Animation ' ,
    home:FirstRoute(),

  ));
}
class FirstRoute extends StatelessWidget {
```

```
@override
Widget build(BuildContext context) {
  return Scaffold(
    appBar: AppBar(
      title: Text('First Route'),
    ),
    body: Center(
      child: RaisedButton(
        child: Text('Open route'),
        onPressed: () {
          Navigator.push(
            context,
            PageRouteBuilder(
              pageBuilder: (c, a1, a2) => SecondRoute(),
              transitionsBuilder: (c, anim, a2, child) => FadeTransition(opacity:
              anim, child: child),
              transitionDuration: Duration(milliseconds: 2000),
            ),
          );
        },
      ),
    ),
  );
}
}
class SecondRoute extends StatelessWidget {
  @override
  Widget build(BuildContext context) {
    return Scaffold(
      appBar: AppBar(
        title: Text("Second Route"),
      ),
      body: Center(
        child: RaisedButton(
          onPressed: () {
            Navigator.pop(context);
```

```
            },
            child:Text( ' Go back! ' ),
          ),
        ),
      );
    }
}
```

14.8 实验九

在实验八的基础上,考虑增加以下功能:

•登录页面增加一个同意协议功能,点击登录页阅读协议按钮导航到新页面,展示一个协议文本 Demo,底部设置"接受"和"拒绝"两个按钮;

•接受协议,且账号和密码正确,点击登录按钮导航到新的页面,新页面上显示账号名;

•在新的页面增加一个注销按钮,点击后,返回登录首页。

第15章

Widget 状态和应用数据管理

如果 Widget 需要根据用户交互或其他因素进行更改,则该 Widget 就是有状态的。本章中,我们将介绍 Widget 状态管理的内容,包括:

- ✔ 状态管理
- ✔ 全局变量
- ✔ provider 插件
- ✔ StreamBuilder
- ✔ BLoC 模式
- ✔ shared_preferences 插件
- ✔ 文件读写
- ✔ sqflite 插件

本章示例项目源代码下载地址:

http://app2.hixiaowei.com/samples/counter_demos.zip

本示例集合了 Flutter 计数器项目的各种"变形"版本。本章示例需要下载多个 Flutter 包依赖。如果包依赖下载失败,可以尝试设置 pub 国内镜像地址环境变量,macOS 下执行命令为:exportPUB_HOSTED_URL = https://pub.flutter-io.cn;Windows 下设置环境变量为:PUB_HOSTED_URL = https://pub.flutter-io.cn。

15.1 状态管理

在构建高质量的应用程序时,状态管理至关重要。如果需要在应用中的多个部分之间共享一个非短时的状态,并且在用户会话期间保留这个状态,我们称之为应用状态(有时也称共享状态)。相对于应用状态,StatefulWidget 内的 UI 状态则称为短时状态或者局部状态。上一章讲到的路由间传递的参数变量可以认为是应用状态。

状态管理的方法和策略有很多种,下面我们对几种比较典型的方案进行介绍。

15.2　全局变量

在一个类中声明一个静态变量,可以在整个应用中跨页面分段读写。例如:

```
Class GlobalState{
    static int counter;
}
```

我们在计数器模板项目里简单做一个全局变量的使用说明,如图 15-1 所示。

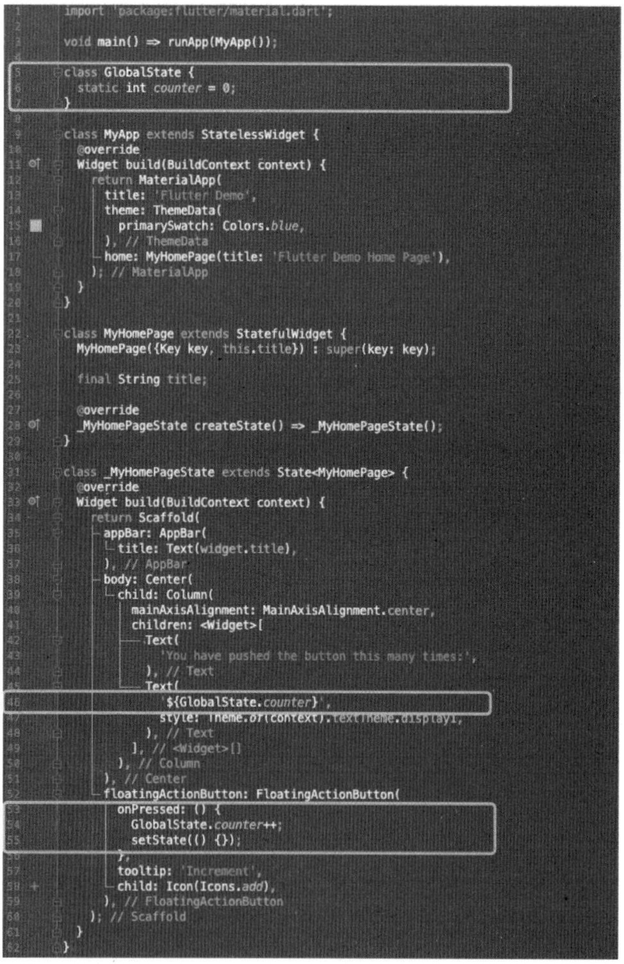

```
import 'package:flutter/material.dart';

void main() => runApp(MyApp());

class GlobalState {
  static int counter = 0;
}

class MyApp extends StatelessWidget {
  @override
  Widget build(BuildContext context) {
    return MaterialApp(
      title: 'Flutter Demo',
      theme: ThemeData(
        primarySwatch: Colors.blue,
      ), // ThemeData
      home: MyHomePage(title: 'Flutter Demo Home Page'),
    ); // MaterialApp
  }
}

class MyHomePage extends StatefulWidget {
  MyHomePage({Key key, this.title}) : super(key: key);

  final String title;

  @override
  _MyHomePageState createState() => _MyHomePageState();
}

class _MyHomePageState extends State<MyHomePage> {
  @override
  Widget build(BuildContext context) {
    return Scaffold(
      appBar: AppBar(
        title: Text(widget.title),
      ), // AppBar
      body: Center(
        child: Column(
          mainAxisAlignment: MainAxisAlignment.center,
          children: <Widget>[
            Text(
              'You have pushed the button this many times:',
            ), // Text
            Text(
              '${GlobalState.counter}',
              style: Theme.of(context).textTheme.display1,
            ), // Text
          ], // <Widget>[]
        ), // Column
      ), // Center
      floatingActionButton: FloatingActionButton(
        onPressed: () {
          GlobalState.counter++;
          setState(() {});
        },
        tooltip: 'Increment',
        child: Icon(Icons.add),
      ), // FloatingActionButton
    ); // Scaffold
  }
}
```

图 15-1　全局变量示例

全局变量的弊端显而易见,即对变量状态值的变化难以追踪和控制,容易产生缺陷。

15.3　provider插件

我们可以使用观察者模式来实现应用状态管理。观察者模式是软件设计模式的一种。在此种模式中,一个目标对象管理所有相依于它的观察者对象,并且在它本身的状态改变时主动发出通知。这通常通过调用各观察者所提供的方法来实现。此种模式通常被用于实时事件处理系统。观察者模式又被称为发布者–订阅者模式。provider的状态管理是观察者模式的一种。

provider使用到了ChangeNotifier类。ChangeNotifier是Flutter SDK中的一个简单的模型类。它用于向监听器发送通知。换言之,如果Widget关联了ChangeNotifier,可以订阅它的状态变化,当ChangeNotifier模型发生改变并且需要更新UI的时候可以调用ChangeNotifier的notifyListeners()方法。

自己实现观察者模式比较复杂一些,读者可以利用provider package,在pubspec.yaml中增加provider的引入,provider的版本号与项目使用的Flutter版本号有关,可以查看provider的官方说明文档。

```
dependencies:

  # Import the provider package.
  provider:^3.1.0
```

provider的使用有以下几个要点:

• provider 的 ChangeNotifierProvider Widget 可以向其子孙节点暴露一个ChangeNotifier实例,相当于观察者模式的发布者。

•provider的Consumer Widget订阅ChangeNotifier实例,相当于订阅者。Consumer Widget唯一必须的参数就是builder。当ChangeNotifier调用notifyListeners()时,所有和Consumer相关的build方法都会被调用。

•有的时候不需要模型中的数据来改变UI,但是可能还是需要访问该数据。可以使用Provider.of,并且将listen设置为false。

我们对照下用provider和Widget State的方式来实现Flutter Project App默认模板项目计数器功能,如图15-2所示。

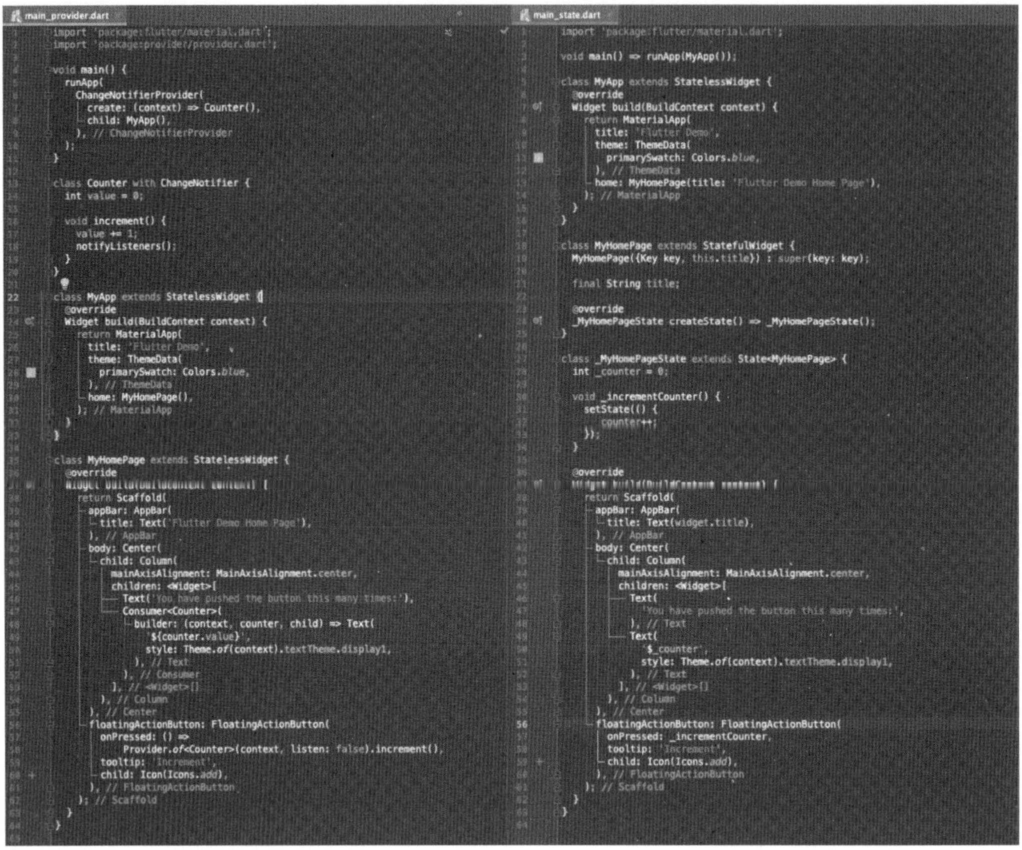

图 15-2   provider 和 Widget State 实现对比

图 15-2 左图 main_provider.dart 使用的 Counter 类来管理应用状态，右图 main_state. dart 使用 State 类里的_counter 实例变量来管理短时状态。我们可以看到代码的复杂度基本一样，但随着应用复杂度的增加，provider 的观察者模式优势会更加明显。下列是图 15-2 左图对应的 provider 使用的完整代码。

```dart
import  'package:flutter/material.dart' ;
import  'package:provider/provider.dart' ;

void  main() {
  runApp(
    ChangeNotifierProvider(
      create:(context) =>Counter(),
      child:MyApp(),
    ),
  );
}
```

```dart
class Counter with ChangeNotifier {
  int value = 0;

  void increment() {
    value += 1;
    notifyListeners();
  }
}

class MyApp extends StatelessWidget {
  @override
  Widget build(BuildContext context) {
    return MaterialApp(
      title: ' Flutter Demo ' ,
      theme:ThemeData(
        primarySwatch:Colors.blue,
      ),
      home:MyHomePage(),
    );
  }
}

class MyHomePage extends StatelessWidget {
  @override
  Widget build(BuildContext context) {
    return Scaffold(

    appBar:AppBar(
        title:Text( ' Flutter provider Demo ' ),
      ),
      body: Center(
        child: Column(
          mainAxisAlignment: MainAxisAlignment.center,
          children: <Widget>[
            Text( ' You have pushed the button this many times: ' ),
            Consumer<Counter>(
```

```
                    builder: (context, counter, child) =>Text(
                      ' ${counter.value} ' ,
                       style: Theme.of(context).textTheme.display1,
                     ),
                   ),
                 ],
               ),
             ),
          floatingActionButton: FloatingActionButton(
            onPressed: () =>
              Provider.of<Counter>(context, listen: false).increment(),

    tooltip: 'Increment',
            child: Icon(Icons.add),
          ),
        );
      }
    }
```

跟 Provider 类似的第三方库还有 ScopedModel, redux, mobx 等。

15.4 StreamBuilder

Flutter 自带的 StreamBuilder 也可以应用于状态管理,StreamBuilder 是 Stream 在 UI 方面的一种使用场景。

所有类型值都可以通过流传递。从值、事件、对象、集合、映射,错误或甚至另一个流,都可以由 Stream 传递任何类型的数据。

使用 StreamController 来控制 Stream,StreamController 通过 sink 属性公开了 Stream 入口,通过 stream 属性公开了 Stream 的出口。因为 StreamController 对 Sink 入口数据处理是异步的,所以我们需要监听 Stream 出口。

一个输出输入字符串长度功能的 StreamController 的使用示例如下:

```
import ' dart:async ' ;

void main() {
```

```
    final StreamController<String> ctrl = StreamController<String>();

    final transformer =
        StreamTransformer<String, int>.fromHandlers(handleData: (value, sink) {
        sink.add(value.length);
    });

    ctrl.stream
        .transform(transformer)
        .listen((data) => print("String length is $data"));

    ctrl.sink.add(' groupones ');
    ctrl.close();
}
```

StreamBuilder 依赖 Stream 来做异步数据获取,计数器 StreamBuilder 的版本实现如下:

```
import ' dart:async ';
import ' package:flutter/material.dart ';

void main() =>runApp(MyApp());
class MyApp extends StatelessWidget {
  @override
  Widget build(BuildContext context) {
    return MaterialApp(
      title: ' Flutter Demo ',
      theme:ThemeData(
        primarySwatch:Colors.blue,
      ),
      home:CounterPage(),
    );
  }
}

class CounterPage extends StatefulWidget {
  @override
```

```
    _CounterPageStatecreateState() => _CounterPageState();
}

class _CounterPageState extends State<CounterPage> {
  int _counter = 0;
  final StreamController<int> _streamController = StreamController<int>();

  @override
  void dispose(){
    _streamController.close();
    super.dispose();
  }

  @override
  Widget build(BuildContext context) {
    return Scaffold(
      appBar: AppBar(title: Text('Flutter StreamBuilder Demo')),
      body: Center(
        child: StreamBuilder<int>(
            stream: _streamController.stream,
            initialData: _counter,
            builder: (BuildContext context, AsyncSnapshot<int>snapshot){
              return Text('You have pushed the button this many times::
              ${snapshot.data}');
            }

        ),
      ),
      floatingActionButton: FloatingActionButton(
        child: const Icon(Icons.add),
        onPressed: (){
          _streamController.sink.add(++_counter);
        },
      ),
    );
  }
}
```

通过StreamBuilder第1个参数stream来监听数据的变化,执行第3个参数builder对应的函数体,然后会自动触发setState来同步更新UI。builder参数中的snapshot代表最新的stream的快照。

注意我们需要在State类的dispose事件中主动关闭StreamBuilder。

15.5　BLoC模式

BLoC由谷歌于2018年设计,代表业务逻辑组件(Business Logic Component),具有责任分离、可测性高、布局自由、Widget build次数减少等优点。BLoC将UI和业务逻辑相分离,它的原理如图15-3所示,从原理图可以看到BLoC内部实现依赖于StreamBuilder。

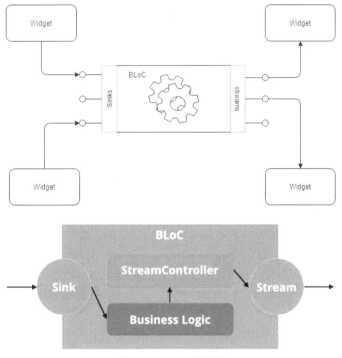

图15-3　BLoC原理图

BLoC有几个核心的概念:

•事件(Event)会被输入到Bloc中,通常是为了响应用户交互或者是生命周期事件而添加它们。

•状态(State)是Bloc所输出的内容,是程序状态的一部分。它可以通知UI组件,并根据当前状态(State)重建(build)其自身的某些部分。

•从一种状态(State)到另一种状态(State)的变动称之为转换(Transitions)。转换是由当前状态、事件和下一个状态组成。

•流(Stream)是一系列非同步的数据。

BLoC 的计数器版本示例代码如下：

```
import ' dart:async ' ;
import ' package:flutter/material.dart ' ;

abstract class CounterEvent{}

class IncrementEvent extends CounterEvent{}

class CounterBLoC{

  int _counter = 0;
  final counterStateController = StreamController<int>( );
  final counterEventController = StreamController<CounterEvent>( );

  CounterBLoC( ) {  counterEventController.stream.listen(_count);  }

  void _count(CounterEvent event) =>counterStateController.sink.add(++_counter);

  void dispose( ){
    counterStateController.close( );
    counterEventController.close( );
  }
}
void main( ) =>runApp(MyApp( ));
  class MyApp extends StatelessWidget {
  @override
  Widget build(BuildContext context) {
    return MaterialApp(
      title: ' Flutter Demo ' ,
      theme: ThemeData(
        primarySwatch: Colors.blue,

      ),
      home: MyHomePage(title: ' Flutter BLoC Demo ' ),
    );
```

```dart
    }
  }

class MyHomePage extends StatefulWidget {
MyHomePage({Key key, this.title}):super(key: key)
  final String title;

@override
  _MyHomePageStatecreateState() => _MyHomePageState();
}

class _MyHomePageState extends State<MyHomePage> {
  final _bloc = CounterBLoC();
  @override
  void dispose(){
    _bloc.dispose();
    super.dispose();
  }

  @override
  Widget build(BuildContext context) {
    return Scaffold(
    appBar:AppBar(
        title:Text(widget.title),
      ),
      body:Center(
        child:Column(
          mainAxisAlignment: MainAxisAlignment.center,
          children: <Widget>[
            Text(
              'You have pushed the button this many times:',
            ),
            StreamBuilder(
                stream: _bloc.counterStateController.stream,
                initialData: 0,
                builder: (context, snapshot) {
```

```
                              return Center(child: Text( snapshot.data.toString() ));
                         }
                    ),
                ],
            ),
        ),
            floatingActionButton: FloatingActionButton(
            onPressed: () =>_bloc.counterEventController.sink.add(IncrementEvent()),
                tooltip: 'Increment',
                child: Icon(Icons.add),
            ),
        );
    }
}
```

更为详细的 BLoC 介绍及示例,可以参考 https://bloclibrary.dev/#/zh-cn/gettingstarted。读者也可以使用 flutter bloc 库(https://pub.dev/packages/flutter_bloc)实现更复杂的 BLoC 模式。

15.6　shared_preferences 插件

shared_preferences 插件是 Flutter 应用变量本地持久化存储的一种方式,它等价于 iOS 本地存储 NSUserDefaults 类,Android 本地存储的 SharedPreferences 类以及 Web 的 localStorage 对象。使用 shared_preferences 库时,需要在 pubspec.yml 配置 shared_preferences: ^0.5.4+8 依赖声明,这个版本号同项目的 Flutter 版本号相匹配,shared_preferences 的计时器示例代码如下:

```
import 'package:flutter/material.dart';
import 'package:shared_preferences/shared_preferences.dart';
void main() =>runApp(MyApp());
class MyApp extends StatelessWidget {
    @override
    Widget build(BuildContext context) {
```

```
    return MaterialApp(
      title: ' Flutter Demo ' ,
      theme: ThemeData(
      primarySwatch: Colors.blue,
      ),
      home: MyHomePage(title: ' Flutter shared_preferences Demo ' ),
    );
  }
}
class MyHomePage extends StatefulWidget {
  MyHomePage({Key key, this.title}): super(key: key);
  final String title;

  @override
  _MyHomePageStatecreateState() => _MyHomePageState();
}

class _MyHomePageState extends State<MyHomePage> {

  int _counter;

  @override
  void initState() {
    _retrieveCounter();
  }
  void _incrementCounter() async {
    SharedPreferencesprefs = await SharedPreferences.getInstance();
    int localCount= (prefs.getInt('counter') ?? 0) + 1;
    await prefs.setInt('counter', localCount);
    setState(() {
      _counter=localCount;
    });
  }
  void _retrieveCounter() async {
    SharedPreferencesprefs =await  SharedPreferences.getInstance();
    setState(() {
```

```
      _counter = prefs.getInt('counter') ?? 0;
    });
  }
  @override


  Widget build(BuildContext context) {
    return Scaffold(
      appBar: AppBar(
        title: Text(widget.title),
      ),
      body: Center(
        child: Column(
          mainAxisAlignment: MainAxisAlignment.center,
          children: <Widget>[
            Text(
              ' You have pushed the button this many times: ',
            ),
            Text(
              ' $_counter ',
              style: Theme.of(context).textTheme.display1,
            ),
          ],

        ),
      ),
      floatingActionButton: FloatingActionButton(
        onPressed: _incrementCounter,
        tooltip: 'Increment',
        child: Icon(Icons.add),
      ),
    );
  }
}
```

需要注意 SharedPreferences.getInstance()是需要 await 同步获取的。getInt(' counter ')
表示从本地存储的 ' counter ' 的唯一键值里读取一个整数值,setInt 表示写入。不同于前面其他几个例子,当该计数器应用被关闭再重新打开时,界面上计数值为上一次关闭时的值。

15.7 文件读写

对于大量的字符串或二进制流使用设备的磁盘文件的场景,读写操作会相对方便一些。文件读写的计数器示例代码如下:

```dart
import 'dart:async';
import 'dart:io';

import 'package:flutter/foundation.dart';
import 'package:flutter/material.dart';
import 'package:path_provider/path_provider.dart';

void main() {
  runApp(
    MaterialApp(
      title: 'Flutter Demo',
      home: FlutterDemo(storage: CounterStorage()),
    ),
  );
}

class CounterStorage {
  Future<String> get _localPath async {
    final directory = await getTemporaryDirectory();

    return directory.path;
  }

  Future<File> get _localFile async {
    final path = await _localPath;
    return File('$path/counter.txt');
  }
```

```
Future<int>readCounter() async {

  try {

    final file = await _localFile;

    // Read the file
    String contents = await file.readAsString();

    return int.parse(contents);
  } catch (e) {
    // If encountering an error, return 0
    return 0;
  }
}

Future<File>writeCounter(int counter) async {
  final file = await _localFile;

  // Write the file
  return file.writeAsString(' $counter ');
  }
}

class FlutterDemo extends StatefulWidget {
  final CounterStorage storage;

  FlutterDemo({Key key, @required this.storage}) : super(key: key);

  @override
  _FlutterDemoStatecreateState() => _FlutterDemoState();
}

class _FlutterDemoState extends State<FlutterDemo> {
  int _counter;
  @override
```

```
    void initState() {
      super.initState();

widget.storage.readCounter().then((int value) {
    setState(() {
        _counter = value;
      });
    });
  }
  Future<File> _incrementCounter() {
    setState(() {
      _counter++;
    });

    // Write the variable as a string to the file.
    return widget.storage.writeCounter(_counter);
  }

  @override
  Widget build(BuildContext context) {
    return Scaffold(
      appBar:AppBar(title: Text('Flutter File Demo')),
      body: Center(
        child: Text(
          ' You have pushed the button this many times: $_counter. ',
        ),
      ),
      floatingActionButton:FloatingActionButton(
        onPressed:_incrementCounter,
        tooltip: ' Increment ',
        child:Icon(Icons.add),
      ),
    );
  }
}
```

这个示例中我们将counter.txt文件存在iOS设备的缓存目录下（NSCachesDirectory）

或 Android 设备的缓存目录下（getCacheDir），我们使用这个 path_provider 插件完成与平台无关的临时路径获取。因此，我们需要在 pubspec.yml 文件配置 path_provider：1.5.0 依赖声明。

15.8 sqflite 插件

shared_preferences 只适用于存储简单、少量的数据结构，而如果存储复杂结构化的数据结构则需要使用 SQLite 本地数据库了。Android 和 iOS 都支持 SQLite 数据库。sqflite 插件（注意拼写是 sqflite 而不是 sqlite）是用于 Flutter 的 SQLite 插件，它具有以下特点：

·支持事务和批处理；
·数据库版本自动化管理；
·插入/查询/更新/删除帮助类；
·iOS 和 Android 后台线程数据库操作。

使用 sqflite 库，需要在 pubspec.yml 配置 sqflite：^1.1.8 依赖声明。sqflite 的计时器示例代码如下。

在学习下面代码之前，读者需要掌握 SQL 关系数据库的基础概念。

```dart
import ' package:flutter/material.dart ' ;
import ' package:sqflite/sqflite.dart ' ;


final String tableCounter = ' counter ' ;
final String columnId = ' _id ' ;
final String columnValue = ' value ' ;


class Counter {
  String id;
  int value;
  Map<String, dynamic>toMap( ) {
    var map = <String, dynamic>{columnId: id, columnValue: value};
    return map;
  }
  Counter.fromMap(Map<String, dynamic> map) {
    id = map[columnId] as String;
    value = map[columnValue] as int;
  }
```

```
}
class CounterProvider {
 CounterProvider._constr();
  static final CounterProviderdbInstance = new CounterProvider._constr();
  factory CounterProvider() =>dbInstance;

  Database _db;
  Future<Database> get db async {
    if (_db != null) {
      return _db;
    }

    _db = await open();
    return _db;
  }

  Future<Database>open() async {
    String databasesPath = await getDatabasesPath();
    String path = databasesPath + "/demo.db";
    return await openDatabase(path, version: 1,

      onCreate: (Database db, int version) async {
      await db.execute('''
        create table $tableCounter (
          $columnId text primary key,
          $columnValue integer not null)
      ''');
    });
  }

  Future<Counter>insert(Counter counter) async {
    final dbClient = await db;
    await dbClient.insert(tableCounter, counter.toMap());
    return counter;
  }
  Future<Counter>getCounter(String id) async {
```

```dart
    final dbClient = await db;
    List<Map<String, dynamic>> maps = await dbClient.query(tableCounter,
        columns: [columnValue],
        where: ' $columnId= ? ' ,
        whereArgs: <dynamic>[id]);
    if (maps.length> 0) {
      return Counter.fromMap(maps.first);
    }
    return null;
  }


  Future<int>delete(String id) async {
    final dbClient = await db;
    return await dbClient
    .delete(tableCounter,where:'$columnId = ?',whereArgs:<dynamic>[id]);
  }


  Future<int>update(Counter counter) async {

  final dbClient = await db;
    return await dbClient.update(tableCounter, counter.toMap(),
        where: ' $columnId= ? ' , whereArgs: <dynamic>[counter.id]);
  }


  Future close() async => {if (_db != null) _db.close()};
}


        onCreate: (Database db, int version) async {
      await db.execute('''
        create table $tableCounter (
          $columnId text primary key,
          $columnValue integer not null)
    ''');
  });
  }
  Future<Counter>insert(Counter counter) async {
```

```
    final dbClient = await db;
    await dbClient.insert(tableCounter, counter.toMap());
    return counter;
  }

  Future<Counter>getCounter(String id) async {
    final dbClient = await db;
    List<Map<String, dynamic>> maps = await dbClient.query(tableCounter,
        columns: [columnValue],
        where: '$columnId= ?',
        whereArgs: <dynamic>[id]);
    if (maps.length> 0) {
      return Counter.fromMap(maps.first);
    }
    return null;
  }

  Future<int>delete(String id) async {
    final dbClient = await db;
    return await dbClient
    .delete(tableCounter,where:'$columnId = ?',whereArgs:<dynamic>[id]);
  }

  Future<int>update(Counter counter) async {
    final dbClient = await db;

return await dbClient.update(tableCounter, counter.toMap(),
        where: ' $columnId= ? ' , whereArgs: <dynamic>[counter.id]);
  }

  Future close() async => {if (_db != null) _db.close()};
}


void main() =>runApp(MyApp());

class MyApp extends StatelessWidget {
```

```
    @override
    Widget build(BuildContext context) {
      return MaterialApp(
        title:'Flutter Demo',
        theme:ThemeData(
        primarySwatch:Colors.blue,
        ),
        home:MyHomePage(title: 'Flutter sqflite Demo'),
      );
    }
}

class MyHomePage extends StatefulWidget {
  MyHomePage({Key key, this.title}) : super(key: key);
  final String title;
  @override
  _MyHomePageStatecreateState() => _MyHomePageState();
}

class _MyHomePageState extends State<MyHomePage> {
  int _counter = 0;

  @override
  void initState()  {
    _retrieveCounter();
  }

  void _incrementCounter() async {
    Counter counter = await CounterProvider.dbInstance.getCounter("demo");
    _counter = counter == null ?0 :counter.value;
    _counter++;
    if (counter == null)
      await CounterProvider.dbInstance
        .insert(Counter.fromMap(<String,
dynamic>{columnId:"demo",columnValue:_counter}));
    else
```

```
      await CounterProvider.dbInstance
            .update(Counter.fromMap(<String,
dynamic>{columnId:"demo",columnValue:_counter}));
setState(() {});


  void _retrieveCounter() async {
    Counter counter = await CounterProvider.dbInstance.getCounter("demo");
    setState(() {
      _counter = counter == null ?0 :counter.value;
    });
  }


  @override
  void dispose() {
    CounterProvider.dbInstance.close();
  }


  @override
  Widget build(BuildContext context) {
    return Scaffold(
      appBar: AppBar(
        title:Text(widget.title),
      ),
      body:Center(
        child:Column(
          mainAxisAlignment:MainAxisAlignment.center,
          children:<Widget>[
            Text(
              ' You have pushed the button this many times: ',
            ),
            Text(
              ' $_counter ',
              style: Theme.of(context).textTheme.display1,
            ),
          ],
        ),
```

```
        ),
        floatingActionButton: FloatingActionButton(
          onPressed: _incrementCounter,
          tooltip: 'Increment',
          child: Icon(Icons.add),
        ),
    );
  }
}
```

　　为了操作方便,构建了一个 CounterProvider 的 sqlite 的帮助类,封装了数据库创建、数据库关闭,表创建、插入、查询、更新和删除等常见操作。CounterProvider.dbInstance 使用的是单例模式。

> ✔ 小结
> 　　与状态管理相关的概念和方法,还包括 Scoped Model、Redux、RxDart、Mobx、ValueNotifer 等,本章就不一一展开介绍了。如果数据状态管理涉及 UI 状态更新可以考虑使用 provider, BLoC 等,如果涉及业务逻辑数据且需要 App 本地持久化保存则使用 Share Preferences 或 sqflite。

15.10　实验十

　　在实验九的基础上完成以下功能:增加账号注册功能,将注册用户信息保存在 App 本地 SQLite 数据库,后续登录时,同 SQLite 中注册的账号和密码比对,比对成功方可登录。(此时,原先的固定账号密码比对逻辑作废)。

第 16 章

HTTP 协议与 JSON 解析

一个有价值的应用离不开与网络数据的交换。HTTP是通常用于前后端的数据交换的互联网协议。本章中,我们将介绍Flutter请求网络的方式及实现,包括:

✔ 获取网络数据
✔ 发送网络数据
✔ JSON 数据解析
✔ dio 插件
✔ WebSockets 链接

本章示例项目源代码下载地址:

http://flutter.hixiaowei.com/samples/flutter_http.zip

16.1　Flutter 项目配置

安卓设备进行网络通信时,需要在AndroidManifest.xml中文件里增加网络使用权限android.permission.INTERNET。

```
<manifest xmlns:android...>
  ...
  <uses-permission android:name="android.permission.INTERNET" />
  <application ...
</manifest>
```

AndroidManifest.xml文件默认存在于Flutter项目android/app/src/main目录之下。

16.2　获取网络数据

http插件为Flutter提供了获取网络数据最简单的方法,使用前在Flutter项目的

pubspec.yaml文件中需要增加依赖http:0.12.0+4。

图16-1演示了一个最基本的HTTP GET请求示例(对应flutter_http项目中http_get.dart文件),模拟一个获取相册信息的场景,后端返回一个含有相册简单信息的json字符串。我们按照代码逻辑执行顺序,而非代码的书写顺序,对其中关键代码的作用说明如下:

第4行import 'package:http/http.dart' as http声明了项目的依赖包,并声明别名为http。

第35行Future<Album>futureAlbum定义了一个Future类型变量,它表示将来要获取一个Album对象值或将来的某个错误。

第40行futureAlbum = fetchAlbum()是一个初始化调用,因为需要获取网络数据,这个过程经常会比较耗时,如果是同步等待则导致界面无法及时呈现。

第6行final response =await http.get(),使用http对象同步等待一个HTTP GET请求响应。Response变量的类型是Future <http.Response>,http.Response包含成功的http请求接收到的数据。

图16-1　HTTP Get示例代码

　　读者可以在浏览器直接输入示例中 URL 地址（https://jsonplaceholder.typicode.com/
albums/1）或（http://app2.hzxuedao.com/samples/httpget.json），可以观察到请求和响应细节
如图 16-2 和图 16-3 所示。

图 16-2　请求响应值

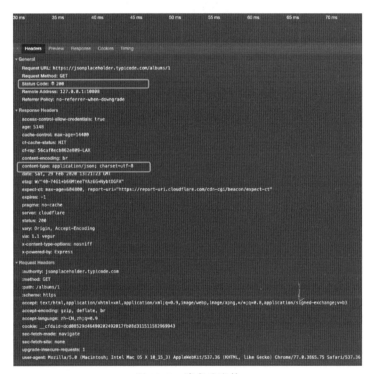

图 16-3　请求响应体

　　请求响应返回的是 application/json 类型的对象：

```
{
    "userId":1,
    "id":1,
    "title":"quidemmolestiaeenim"
}
```

第9行 Album.fromJson(json.decode(response.body)), dart:convert 包的 json.decode 函数负责把 json 对象转换成对应的类型, 本例是转换为 map 类型。然后再通过 Album.fromJson 命名构造函数, 将 Map 对象转换为 Album Dart 类对象。注意 Album.fromJson 是 factory 类型, Map 的值类型为动态类型 dynamic。

第54行到第65行定义了一个 FutureBuilder。FutureBuilder 也是一个 Widget, 它的 future 参数作为要绘制的子 Widget 的异步数据源, build 参数包含的是要绘制的子 Widget 和 Future 对象的快照信息。如果读者熟悉前面一章的 StreamBuilder, 则对这种使用形式并不陌生。Future 和 Stream 区别在于 Future 只能返回一个单独的异步响应, 而 Stream 类可以随着时间的推移传递很多事件。

第63行 CircularProgressIndicator 是一个圆形动画进度指示器的 Material Design, 它通过循环旋转来表示应用的繁忙状态。

图 16-4　CircularProgressIndicator 控件

为了进一步理解网络请求的过程, 我们特意在代码的第7行、第38行和第57行增加了 print 输出语句, 运行可以看到如下输出:

```
flutter:initState
flutter:AsyncSnapshot<Album>(ConnectionState.waiting, null, null)
flutter:AsyncSnapshot<Album>(ConnectionState.waiting, null, null)
flutter:http response completed
flutter:AsyncSnapshot<Album>(ConnectionState.done, Instance of 'Album', null)
```

snapshot为AsyncSnapshot类型，AsyncSnapshot的ConnectionState是一个枚举类，定义如下：

```
enumConnectionState {
  // 当前没有异步任务，比如[FutureBuilder]的[future]为null时
  none,
  // 异步任务处于等待状态，例如获取网络数据等待中
  waiting,

  // Stream处于激活状态(流上已经有数据传递了)，只对StreamBuilder有效。
  active,
  // 异步任务已经终止，例如成功获取了网络数据
  done,
}
```

第一个AsyncSnapshot(ConnectionState.waiting, null, null)输出是由initState事件触发的FutureBuilder组件生成引起的，之所以是waiting状态，是因为要等待第6行代码的返回。

第二个AsyncSnapshot(ConnectionState.waiting, null, null)输出跟Flutter组件插入放置机制相关，它在适当的时机调用drawFrame，从而触发FutureBuilder组件的组装。这行输出并不是总存在的。

AsyncSnapshot(ConnectionState.done, Instance of ' Album ' , null)输出是当Future有值或出错时，即第6行执行返回后。ConnectionState状态会改为done，底层代码通过执行setState函数会又一次触发上层FutureBuilder组件的构造。这一点可以在FutureBuilder源代码中的第614行和第616行观察到，如图16-5所示。

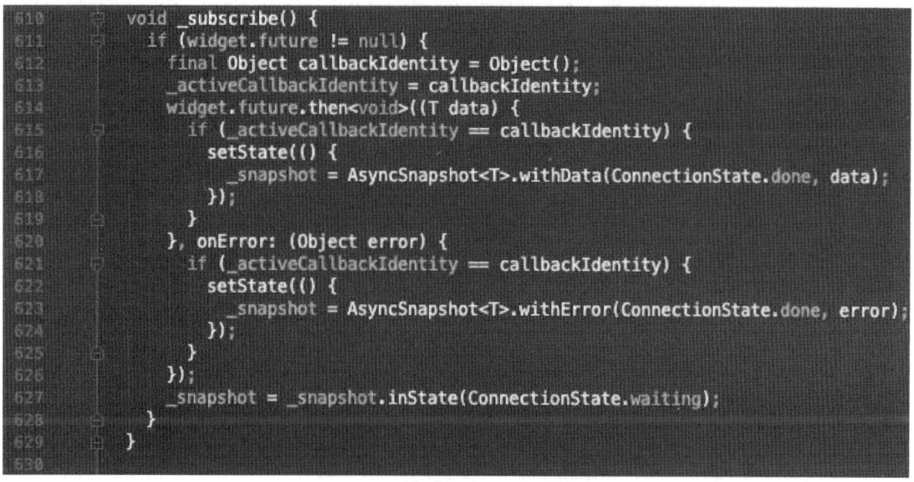

```
610 void _subscribe() {
611   if (widget.future != null) {
612     final Object callbackIdentity = Object();
613     _activeCallbackIdentity = callbackIdentity;
614     widget.future.then<void>((T data) {
615       if (_activeCallbackIdentity == callbackIdentity) {
616         setState(() {
617           _snapshot = AsyncSnapshot<T>.withData(ConnectionState.done, data);
618         });
619       }
620     }, onError: (Object error) {
621       if (_activeCallbackIdentity == callbackIdentity) {
622         setState(() {
623           _snapshot = AsyncSnapshot<T>.withError(ConnectionState.done, error);
624         });
625       }
626     });
627     _snapshot = _snapshot.inState(ConnectionState.waiting);
628   }
629 }
630
```

图16-5　FutureBuilder部分源码

我们并没有看到第 60 行和第 61 行代码在界面上输出的信息，读者只需要将第 6 行代码行的 URL 地址更换为一个不存在的地址，如（http://a.b.c/d），重新运行项目，就可以观察到这两行代码的作用。

16.3　发送网络数据

Restful 是一种网络应用程序的设计风格和开发方式，基于 HTTP，可以使用 XML 格式定义或 JSON 格式定义。HTTP Get 方法用于读取，Post 或 Put 用于数据插入或更新。基于前面的 http.get 示例，下面 http.post 的示例（对应 flutter_http 项目中 http_post.dart 文件）也比较容易埋解。

图 16-6　HTTP Post 示例代码

第8到10行中属性值表明一个是 json 类型的请求体。<String, String>{}形式 Map 字面量,字面概念可参见 10.1 节的介绍。

第15行 response.statusCode == 201,在 HTTP 协议中,响应状态码 201 是一个代表成功的应答状态码,表示请求已经被成功处理,并创建了新的资源。

第60行_futureAlbum == null 为真时,显示的是图 16-6 下方左边的设备 UI 图;第72行执行完毕后,_futureAlbum 不为 null,此时_futureAlbum 的链接状态 ConnectionState 为 waiting,则显示图 16-6 下方右边的设备 UI 图。第82行_futureAlbum 的 ConnectionState 为 done 状态。

16.4　JSON 数据解析

JSON(JavaScript Object Notation,JS 对象简谱)是一种轻量级的数据交换格式。它基于 ECMAScript 的一个子集,采用完全独立于编程语言的文本格式来存储和表示数据。前面两个示例中读者已经接触过 JSON 对象,以及 JSON 对象和 Dart 类之间相互转换的过程,我们把这个过程称为序列化和反序列化,或编码和解码。我们再回顾下 dart:convert 编码和解码 JSON 的方法。

```
class User {
  final String name;
  final String email;

  User(this.name, this.email);

  User.fromJson(Map<String, dynamic> json)
      :name = json['name'],
      email = json['email'];

  Map<String,dynamic>toJson() =>
    {
      'name':name,
      'email':email,
    };
}

main(){
```

```
    String jsonString='''{
        "name": "groupones",
        "email": "groupones@gmail.com"
    }''';
    Map userMap = jsonDecode(jsonString);
    var user = User.fromJson(userMap);

    String json = jsonEncode(user);
}
```

对于复杂的对象使用 dart:convert 编解码效率会很低，我们可以使用 json serializable 插件。我们在 pubspec.yaml 配置如下：

```
dependencies:
  json_annotation: ^3.0.0

dev_dependencies:
  build_runner: ^1.0.0

json_serializable: ^3.2.0
```

如果只是开发阶段使用的包依赖，如 test, example 等，这些依赖项可以放在 dev_dependencie 中，这样使项目的依赖树更小，pub 运行更快。

使用 json_serializable 插件重写前面的示例并保存在文件 user.dart 中。

```
import ' dart:convert ';
import ' package:json_annotation/json_annotation.dart ';

part ' user.g.dart ';

@JsonSerializable()
class User {
  User(this.name, this.email);

    String name;
    String email;
```

```
  factory User.fromJson(Map<String, dynamic> json) => _$UserFromJson(json);
  Map<String, dynamic>toJson() => _$UserToJson(this);
}


main(){
  String jsonString='''{
    "name": "groupones",
    "email": "groupones@gmail.com"
  }''';

  Map userMap = jsonDecode(jsonString);
  var user = User.fromJson(userMap);

  print('Happy birthdy, ${user.name}!');
  print('We sent you a surprise to ${user.email}.');

  String json = jsonEncode(user);

  print('User json string is $json');
}
```

part ' user.g.dart ' 中 part 指令表示可以把各个功能分解到各个 dart 文件中,但 part of 所在文件不能包括 import、library 等关键字,这样有利于库的维护和复用。

user.g.dart 文件是用 json_serializable 插件自动生成的,这需要在项目的根目录下执行 flutter pub run build_runner build 或 flutter pub run build_runner watch 命令,后者是监听模式。每当 user.dart 文件更新保存后,user.g.dart 文件会同步更新。生成的 user.g.dart 文件如下:

```
// GENERATED CODE - DO NOT MODIFY BY HAND

part of ' user.dart ' ;

//
******************************************************************
***
```

```
// JsonSerializableGenerator
//
***********************************************************************
***

User _$UserFromJson(Map<String, dynamic> json) {
  return User(
    json[' name '] as String,
    json[' email '] as String,
  );
}

Map<String, dynamic> _$UserToJson(User instance) =><String, dynamic>{
      ' name ' : instance.name,
      ' email ' : instance.email,
    };
```

这样读者不用自己再写 UserFromJson 和 UserToJson 的代码逻辑了，user.g.dart 文件里已经自动生成。我们只要按照 json_serializable 插件命名规则进行引用即可。

使用 Dart Command Line App 的方式运行 user.dart，可以得到如下输出结果：

```
Happy birthdy, groupones!
We sent you a surprise to groupones@gmail.com.
User json string is {"name":"groupones","email":"groupones@gmail.com"}
```

如果只是上述这些功能就使用 json_serializable 代替 dart：convert，也未免小题大作了。json_serializable 还提供 @JsonKey 等注解和注解选项，以支持对 JSON 转换时需要处理的多种场景。如果读者有过 Java Spring 或 C#.NET MVC 等方面的编程经验，对此处注解的使用会感到非常熟悉。

我们在使用 JSON 对象时，经常会用到字符串转 JSON 在线校验，这里推荐读者可以使用这个网站 https://www.json.cn/。

使用 json_serializable 插件，User 类的构造函数的属性 name 和 email 还是需要人工输入，读者可以使用 IDEA 的相关插件将这一过程更加自动化，如 FlutterJsonBeanFactory，如图 16-7 所示，有兴趣的读者可以自行研究。

图 16-7　FlutterJsonBeanFactory 介绍

16.5　dio插件

dio插件是一个比http插件更强大的 Dart　Http 请求库,支持 Restful　API、FormData、拦截器、请求取消、Cookie管理、文件上传/下载、超时、自定义适配器等。

我们使用dio重写第一个http　get示例,首先在 pubspec.yaml 配置 dio:^3.0.9,完整代码如下:

```
import ' dart:async ' ;
import ' package:flutter/material.dart ' ;
import ' package:dio/dio.dart ' ;

Future<Album>fetchAlbum() async {
  final response =  awaitDio().get( ' https://jsonplaceholder.typicode.com/albums/1 ' );
  if (response.statusCode == 200) {

    return Album.fromJson(response.data);
  } else {
    throw Exception('Failed to load album');
```

```
    }
  }
class Album {
  final int userId;
  final int id;

  final String title;
  Album({this.userId, this.id, this.title});
  factory Album.fromJson(Map<String, dynamic> json) {
    return Album(
      userId: json['userId'],
      id: json['id'],
      title: json['title'],
    );
  }
}
void main() =>runApp(MyApp());
class MyApp extends StatefulWidget {
  MyApp({Key key}):super(key: key);

  @override
  _MyAppStatecreateState() => _MyAppState();
}
class _MyAppState extends State<MyApp> {
  Future<Album>futureAlbum;
  @override
  void initState() {
    super.initState();
    futureAlbum = fetchAlbum();
  }

  @override
  Widget build(BuildContext context) {
    return MaterialApp(
      title: ' Fetch Data Example ',
      theme:ThemeData(
```

```
            primarySwatch:Colors.blue,
          ),
        home:Scaffold(
        appBar:AppBar(
            title:Text('Fetch Data Example'),
          ),
          body:Center(
            child:FutureBuilder<Album>(
              future:futureAlbum,
              builder:(context, snapshot) {
                if (snapshot.hasData) {
                  return Text(snapshot.data.title);
                } else if (snapshot.hasError) {
                  return Text("${snapshot.error}");
                }
                return CircularProgressIndicator();
              },
            ),
          ),
        ),
      );
    }
}
```

对比两个项目代码,我们只做了两处修改:将 fetchAlbum( )函数里 http.get 修改为 Dio( ).get;json.decode(response.body)修改为 response.data,这里的 response.data 已经是 Map 类型,所以不需要 JSON 解码。

继续使用 dio 库重写 http post 示例,这次我们不使用 Dio( ).post 的方式,改用 Dio 核心 API request 的写法:

```
import ' dart:async ' ;
import ' package:flutter/material.dart ' ;
import ' package:dio/dio.dart ' ;

Future<Album>createAlbum(String title) async {

  Diodio = Dio( ); // 使用默认配置
```

```dart
dio.options.baseUrl = "https://jsonplaceholder.typicode.com/";
dio.options.connectTimeout = 5000;//单位毫秒
dio.options.receiveTimeout = 3000;

  final response = await dio.request(

    "/albums",
    data: {'title': title},
    options: Options(method: "POST"),
  );

  if (response.statusCode == 201) {

    return Album.fromJson(response.data);
  } else {
    throw Exception('Failed to create album.');
  }
}
class Album {
  final int id;
  final String title;
  Album({this.id, this.title});
  factory Album.fromJson(Map<String, dynamic> json) {
    return Album(
      id:json['id'],
      title:json['title'],
    );
  }
}
void main() {
  runApp(MyApp());
}
class MyApp extends StatefulWidget {
  MyApp({Key key}) : super(key: key);

  @override
```

```
    _MyAppStatecreateState() {
      return _MyAppState();
    }
  }
}
class _MyAppState extends State<MyApp> {
  final TextEditingController _controller = TextEditingController();

  Future<Album> _futureAlbum;
  @override
  Widget build(BuildContext context) {
    return MaterialApp(
      title: 'Create Data Example',
      theme: ThemeData(
       primarySwatch: Colors.blue,
      ),
      home:Scaffold(
       appBar:AppBar(
          title:Text('Create Data Example'),
        ),
         body:Container(
           alignment:Alignment.center,

           padding:const EdgeInsets.all(8.0),
           child:(_futureAlbum == null)
               ? Column(
           mainAxisAlignment: MainAxisAlignment.center,
           children: <Widget>[
             TextField(
               controller: _controller,
               decoration: InputDecoration(hintText: ' Enter Title ' ),
             ),
             RaisedButton(
               child:Text( ' Create Data ' ),
               onPressed: () {
                 setState(() {
                     _futureAlbum = createAlbum(_controller.text);
```

```
              });
          },
        ),
      ],
    )

        : FutureBuilder<Album>(
      future: _futureAlbum,

      builder: (context, snapshot) {
        if (snapshot.hasData) {
          return Text(snapshot.data.title);
        } else if (snapshot.hasError) {
          return Text("${snapshot.error}");
        }
        return CircularProgressIndicator();
      },
    ),
   ),
  ),
 );
 }
}
```

具体的差异都在 createAlbum() 函数里，难度不大，读者可以自行分析。

关于 Dio 的详细使用说明和示例，可以参考：

https://github.com/flutterchina/dio/blob/master/README-ZH.md

16.6 WebSockets 链接

除了普通的 HTTP 请求，还可以通过 WebSockets 来连接服务器，WebSockets 可以以非异步的方式与服务器进行双向通信。我们并不准备在这里介绍 WebSocket 通信编程，有兴趣的读者可以进入以下链接进一步了解：

https://flutter.cn/docs/cookbook/networking/web-sockets

16.7　RestfulWeb服务

本章示例中的接口调用是基于 RESTFUL 风格的。RESTFUL 是一种网络应用程序的设计风格和开发方式,基于 HTTP 协议,可以使用 XML 格式定义或 JSON 格式定义传输数据格式,因为同样的信息量下,JSON 要比 XML 小很多,所以实际场景下使用 JSON 格式会比较多。

Web 服务指的是任何可以通过 HTTP 访问的应用程序编程界面(API),REST 表示"表述性状态传输"(Representational State Transfer)。RESTful 规定了对服务端资源进行操作的几种方法:

•GET 方法:从服务器取出资源(一项或多项),对应 SELECT SQL 语句;

•POST 方法:在服务器新建一个资源,对应 INSERT SQL 语句;

•PUT 方法:在服务器更新资源(客户端提供完整资源数据),对应 UPDATE SQL 语句;

•PATCH 方法:在服务器更新资源(客户端提供需要修改的资源数据),对应 UPDATE SQL 语句;

•DELETE 方法:从服务器删除资源,对应 DELET ESQL 语句。

有时考虑到代码的实现和维护成本,在很多实际应用中,设计者会使用 POST 方法代替 PUT,PATCH,DELETE 甚至 GET 方法的功能。

16.8　实验十一

在实验九的基础上实现以下两个功能:

•通过获取远程数据库网络数据,判断登录账号和密码的正确性;

•实现注册页面,发送网络数据存入远程数据库。

提示:后端接口可以通过 BaaS(后端即服务:Backend as a Service)模拟,如 API 工厂(https://www.it120.cc),Bomb(https://www.bmob.cn/)等;如果读者有后端开发经验,如 Node.js,Java 等则可以自己完成完整的后端逻辑。

第 17 章

Flutter 应用发布

前面的章节主要讲解了与开发相关的知识。程序开发完成后,首先要进行测试,然后就是构建打包发布应用。本章中,我们将介绍 Flutter 应用开发的最后一个环节的内容,包括:

✔ 构建模式
✔ Android 打包与发布
✔ iOS 打包与发布

17.1 构建模式

Flutter 支持三种模式编译 app:

•开发过程中,需要使用热重载功能,选择 debug 构建模式。Debug 模式下,app 可以被安装在物理设备、仿真器或者模拟器上进行断点设置调试。

•当需要分析性能的时候,选择使用 profile 构建模式。在 Profile 模式下,一些调试能力是被保留用于分析 app 的性能,仿真器和模拟器不可用。

•发布应用的时候,需要选择使用 release 构建模式。Release 模式下,app 将被最大程度地优化以及最小的占用空间,不支持模拟器或者仿真器,不支持调试。

我们在 Debug 模式下,排除 app 应用存在的功能性问题,在 Profile 模式下,优化 app 的性能,然后就可以选择 Release 构建模式,打包并发布 app 到应用市场。

17.2 Android 应用打包与发布

Android 应用打包发布需要以下几个基本步骤:

1.添加启动图标

首先在 Flutter 项目的/android/app/src/main/res/目录下,把不同分辨率的图标文件

（png格式）分别放在以 mipmap 开头命名的文件夹中，如图17-1所示。

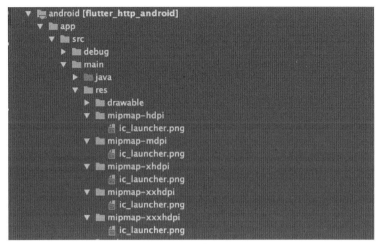

图17-1　安卓各分辨率图标文件

然后在 AndroidManifest.xml 中，更新 application 标签中的 android:icon 属性来引用上一步骤中图标文件，默认为<application android:icon="@mipmap/ic_launcher" ...。

2.App 签名

把 app 发布到安卓市场，还需要给 app 一个数字签名，用来保护 app 不会被恶意替换掉。我们可以采用以下步骤来为 app 签名：

创建一个 jks 格式的密钥文件。在 macOS 操作系统上执行下面的代码，设置 key.jks 到合适的存储路径：

```
keytool -genkey -v -keystore ~/key.jks -keyalg RSA -keysize 2048 -validity
10000 -alias key
```

在 Windows 操作系统上执行下面的代码，设置 key.jks 到合适的存储路径：

```
keytool -genkey -v -keystore c:/key.jks -storetype JKS -keyalg RSA -keysize
2048 -validity 10000 -alias key
```

根据命令提示，一步步执行完成，需要设置密钥库口令和密钥口令。macOS 操作系统下的操作示例如图17-2所示。

```
ShewnTu@ShewnTudeiMac ~ % keytool -genkey -v -keystore ~/key.jks -keyalg RSA -keysize 2048 -validity 10000 -
alias key
输入密钥库口令:
再次输入新口令:
您的名字与姓氏是什么?
  [Unknown]:  Groupones
您的组织单位名称是什么?
  [Unknown]:  dmt
您的组织名称是什么?
  [Unknown]:  zust
您所在的城市或区域名称是什么?
  [Unknown]:  hz
您所在的省/市/自治区名称是什么?
  [Unknown]:  zj
该单位的双字母国家/地区代码是什么?
  [Unknown]:  cn
CN=Groupones, OU=dmt, O=zust, L=hz, ST=zj, C=cn是否正确?
  [否]:  y

正在为以下对象生成 2,048 位RSA密钥对和自签名证书 (SHA256withRSA) (有效期为 10,000 天):
         CN=Groupones, OU=dmt, O=zust, L=hz, ST=zj, C=cn
输入 <key> 的密钥口令
        (如果和密钥库口令相同, 按回车):
再次输入新口令:
[正在存储/Users/dreamtouch/key.jks]
```

图 17-2　创建一个密钥文件

3.App 中引用密钥库文件

创建一个名为/android/key.properties 的文本文件,它包含了密钥库位置的定义,下面的两个口令就是在图 17-2 中设置过的两个口令。

```
storePassword=<密钥库口令>
keyPassword=<密钥口令>
keyAlias=key
storeFile=<密钥库 key.jks 存储位置,含文件名>
```

4.在 App 的 build.gradle 中配置发布签名

通过编辑 /android/app/build.gradle 文件来为我们的 app 配置签名,参考脚本如下:

```
def keystoreProperties = new Properties()
def keystorePropertiesFile = rootProject.file('key.properties')
if (keystorePropertiesFile.exists()) {
   keystoreProperties.load(new FileInputStream(keystorePropertiesFile))
}

android {
     signingConfigs {
          release {
               keyAliaskeystoreProperties['keyAlias']
               keyPasswordkeystoreProperties['keyPassword']
               keyPasswordkeystoreProperties['keyPassword']
               storeFilekeystoreProperties['storeFile'] ?
```

```
                    file(keystoreProperties['storeFile']):null
                    storePasswordkeystoreProperties['storePassword']
            }
        }
        buildTypes {
            release {
                signingConfigsigningConfigs.release
            }
        }
}
```

5.启用混淆器

Android混淆器可以减小APK安装包的大小,保护代码即使被反编译出来,也难以阅读理解。混淆规则通过编辑/android/app/proguard-rules.pro文件进行设置。第三方库往往会提供它的混淆配置说明,可以直接复制使用。混淆器如果配置不当,反而会造成app运行时崩溃。初学者可以暂时不考虑混淆配置。可以在安卓开发官方网站进一步了解,缩减、混淆处理和优化安卓应用,链接如下:

https://developer.android.com/studio/build/shrink-code?hl=zh-cn

6.检查App Manifest文件

检查位于/android/app/src/main的默认App Manifest文件AndroidManifest.xml,进行如下操作:

编辑application标签中的android:label来设置app的桌面应用名称,一般这个名字不要太长,建议控制在13个英文字符之内(1个汉字算两个英文字符)。

7.检查构建配置

检查位于/android/app目录下的build.gradle文件,编辑以下节点属性:

•applicationId指定最终的,唯一的(Application Id)appid,每个安卓手机上的applicationId是唯一的。可以有两个同样名称的app,只要它们的appid值不一样即可。appid一般用反向域名的命名方式,如demo.dmt.zust.edu.cn。

•versionCode&versionName指定app的内部版本号(正整数),以及用于显示的版本号(字符串x.y.z形式),这可以通过设置pubspec.yaml文件中version属性来间接指定。

•minSdkVersion&targetSdkVersion指定支持的安卓设备的最低API版本以及app的目标API版本,如图17-3所示。API版本号同Android操作系统版本一一对应,如API 23对应Android 6.0操作系统。对于Flutter项目来说,minSdkVersion至少大于等于16。

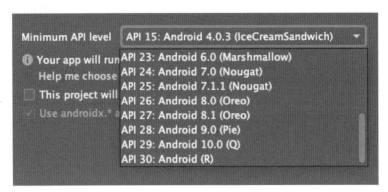

图 17-3   AndroidAPI版本

8.构建 APK 文件

因为安卓设备的多样性,需要为各种目标 ABI(Application Binary Interface)分别构建发布的 APK 文件。在项目根目录下运行 flutter build apk --split-per-abi 命令(flutter build 默认带有 --release 参数)。

这个命令会生成三个APK文件,对应不同CPU架构的安卓设备:

•/build/app/outputs/apk/release/app-armeabi-v7a-release.apk

•/build/app/outputs/apk/release/app-arm64-v8a-release.apk

•/build/app/outputs/apk/release/app-x86_64-release.apk

如果移除--split-per-abi参数将会生成唯一一个包含所有目标ABI的"臃肿"的APK文件。这个APK文件将会比单独构建的单个CPU架构的APK文件尺寸要大,导致用户下载一些不适用于其设备CPU架构的二进制文件。

17.3   iOS 应用打包与发布

iOS应用发布之前,读者必须先在App Store Connect上完成自己app应用相应的创建和配置的方法,可以参考 Apple 官方新手上路网址:https://developer.apple.com/cn/support/app-store-connect/。

iOS应用打包发布需要以下几个基本步骤:

1.检查Xcode项目设置

在Xcode中,打开Flutter项目ios子目录中的Runner.xcworkspace文件,在Xcode的项目导航栏中选择Runner,选择General选项卡,如图17-4所示。

•Display Name代表这个app将会在主屏幕以及其他地方展示的名字,建议不要超过13个英文字符。

•Bundle Identifier对应读者在App Store Connect 注册的App ID,它的作用类似于Android的applicationId。

•Version对应 Android Gradle 配置里的versionName,build对应 Android Gradle 配置

里的 versionCode。同时,也对应 pubspec.yaml 文件里的 version 字段设置,例如:version:
1.0.0+2,1.0.0 对应 Version,2 对应 Build。

•Target 代表 App 将会支持的最低版本的 iOS。Flutter 支持最小 iOS 8.0 及以后的版
本。同时,也可以选择发布的设备平台类型,iPhone、iPad 或/和 Mac。

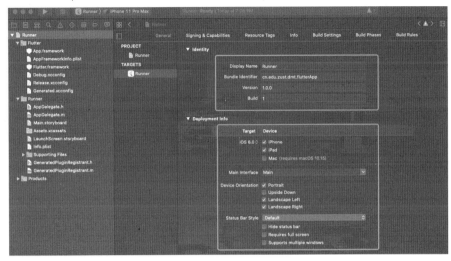

图 17-4 Xcode 项目打包设置

我们还需要对 iOS 项目进行签名(Signing)管理,5.4 节中已经较为详细地介绍过了,
此处不在重述。

2.添加应用图标

选择 Runner 目录中的 Assets.xcassets,更新 AppIcon 占位图标为自己应用的 app 图
标,如图 17-5 所示。同安卓设备一样,读者必须根据自己所发布的设备平台分辨率特
性,设计多套图标文件。除了更新应用图标之外,读者也需要更新苹果应用启动页
LaunchImage 图片。

图 17-5 添加应用图标

3.构建一个IPA

在 Flutter 应用目录下执行 flutter build ios 来创建一个 release 构建(flutter build 默认指向 --release)。然后打开 Xcode 创建一个构建归档并将其上传到 App Store Connect,主要操作界面如图 17-6 所示。

图 17-6　创建一个 IPA 构建

17.4　实验十二

根据本章知识点,完善实验十一的项目配置和图标设计等,分别打包出 APK 文件和 IPA 文件(没有 macOS 环境的同学可忽略)。

挑战:尝试将自己的 APK 或 IPA 上传至国内应用市场,因为市场审核非常严格,需要提交除程序外的多种资料,如大多数安卓应用市场都需要提交 app 相关的软件著作权。读者可以尝试提交到国内 app 内测分发平台,如蒲公英(https://www.pgyer.com/),FIR (https://fir.im/)等。

第18章

Node.js 开发基础

至此我们已经较为完整地介绍了 Flutter 项目开发相关知识点，但如实验十一中所提到的，Flutter 属于前端应用，它一般需要从后端交换数据，才能够完成一个真正完整的、有价值的应用。实现后端的技术方案有很多，包括 Java，C#.NET，Node.js 等。因为 Node.js 的语法与 Dart 的语法比较接近，轻量易于学习，因此，我们以 Node.js 为例介绍后端实现方法，实现整个 Flutter 项目的数据流闭环。本章内容主要包括：

✔ Node.js 的安装与配置
✔ Node.js 的基本语法
✔ Node.js 的数据库链接及操作

本章示例项目源代码下载地址：

http://flutter.hixiaowei.com/samples/nodejs.zip

18.1 Node.js 简介

Node.js 是一种能够在服务器端运行 JavaScript 的开放源代码、跨平台 JavaScript 运行环境。Node.js 采用 Google 开发的 JavaScript 引擎（V8）运行代码，使用事件驱动、非阻塞和异步输入输出模型等技术来提高性能，可优化应用程序的传输量和规模。

Node.js 大部分基本模块都用 JavaScript 语言编写。在 Node.js 出现之前，JavaScript 通常作为客户端程序设计语言使用，以 JavaScript 写出的程序常在用户的浏览器上运行。Node.js 的出现使 JavaScript 也能用于服务端编程。Node.js 含有一系列内置模块，使得程序可以作为独立服务器运行。

Node.js 最早发布一个版本 0.1.14 可以追溯到 2011 年 8 月 26 日，经过近 10 年的发展，Node.js 的技术生态日趋成熟。

18.2　Node下载安装

Node.js 可以从官方网站 https://nodejs.org/zh-cn/下载。读者应当选择安装 Node.js 的长期支持版(LTS),而非当前发布版。截至 2020 年 10 月 27 日,Node.js 最新长期支持版本为 14.15.0。图 18-1 显示了 Node.js 各平台安装包,Windows 系统选择安装 64 位 msi 安装包,因为 msi 安装包会自动设置与 Node.js 相关的系统环境变量。macOS 系统选择 64 位 pkg 安装包。

图 18-1　Node.js各平台安装包

直接运行下载 Node.js 安装文件,保持安装默认选择,直到完成所有安装。安装完成后,在命令行模式下执行 node -v,显示版本信息如图 18-2 所示,则表明 node.js 安装成功。可以看到读者本地的 node.js 版本为 v12.16.2,并非最新版本,同 Flutter 一样,我们并不需要总是用最新的版本,反而有些场景下我们需要一个特定的版本 Node.js。读者可以在下面的网址里找到它们。

https://nodejs.org/en/download/releases/

node 安装文件包括 npm 工具。npm 是 JavaScript 的包管理工具,并且是 Node.js 平台的默认包管理工具。通过 npm 可以安装、共享、分发代码,管理项目依赖关系。在命令行模式下执行 npm -v,可以查看 npm 的版本信息。

```
zhouqy@zhouxiaohanMacBook-Pro ~ % node -v
v12.16.2
zhouqy@zhouxiaohanMacBook-Pro ~ % npm -v
6.14.4
```

图 18-2　node 和 npm 版本信息

18.3　Hello Node.js

同 Flutter 一样,创建与管理 Node.js 程序和项目的集成开发环境有多种选择,我们选择与 Android Studio 同一家公司出品的 WebStorm。

　　打开 WebStorm，选择 Create New Project，然后选择 Node.js 类型项目，如图 18-3 所示。如果读者的 WebStorm 里没有 Node.js 这个项目类型，需要将 WebStorm 升级到比较新的版本。如果 node，npm 都安装正常的情况下，新建项目的界面上都会有对应的版本号显示。

图 18-3　新建一个 Node.js 项目

　　点击图 18-3 右下角的 Create，会创建一个空的 Node.js 项目，项目里只有一个 package.json 文件，如图 18-4 所示，下方的控制台提示读者可以忽略，同 node 一样，我们不需要总使用最新版 npm。

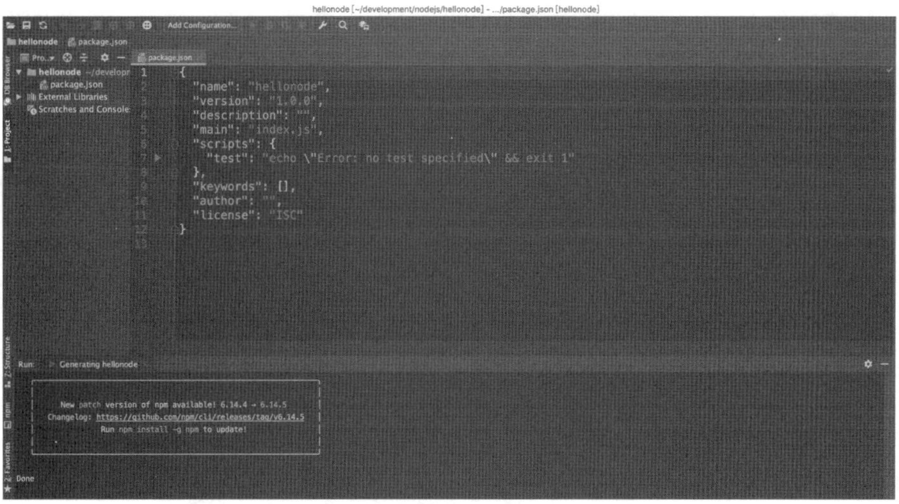

图 18-4　package.json 文件

　　Node.js 项目的 package.json 文件作用类似于 Flutter 项目的 pubspec.yaml 文件。我们

在 WebStorm 主菜单选择 File->New->JavaScript File，建立一个 server.js 文件，然后在底部切换到 Terminal（终端模式），执行 node server 命令，可以看到终端输出：服务已启动，如图 18-5 所示。

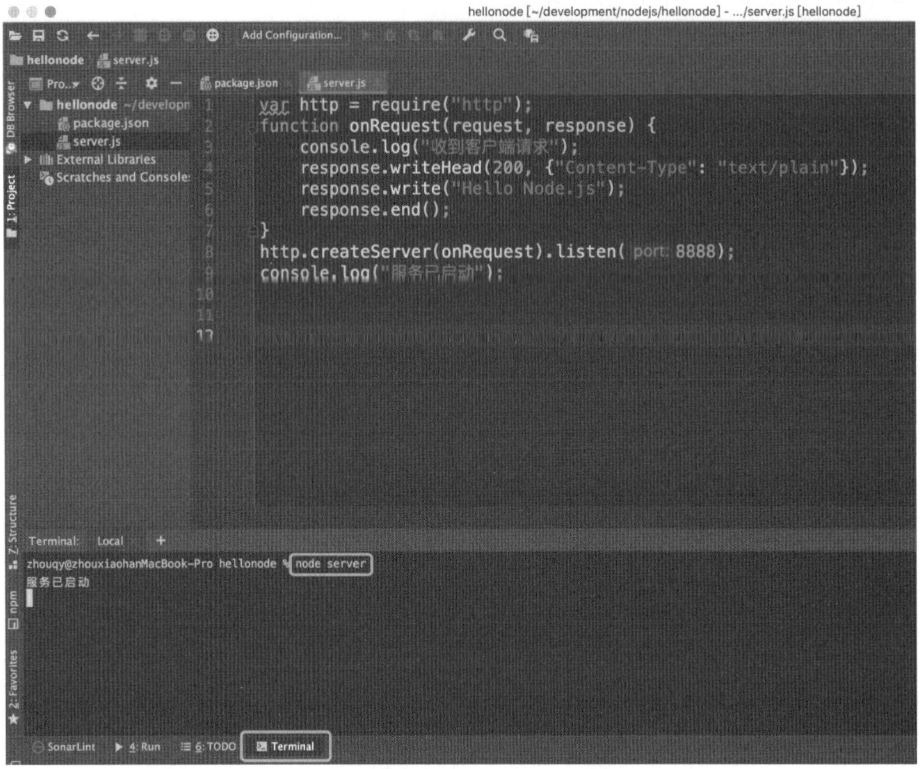

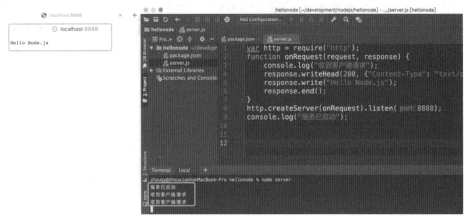

图 18-5　启动一个简单的服务程序

打开本地任意浏览器，输入 http://localhost:8888，可以看到 WebStorm 的终端输出多了两行内容：收到客户端请求，浏览器页面显示 Hello Node.js。如图 18-6 所示。这里的 localhost 表示本机的意思，读者也可以用 127.0.0.1 代替。

图 18-6　客户端发起请求

我们对照Flutter项目,通过分析server.js的每行代码,使读者快速对Node.js程序设计有一个基本的认识。

第1行:var http = require("http"),var表示任意变量类型,类似于Dart中的dynamic关键字,require表示引用node项目依赖库,http是node.js自带的核心库,所以不需专门配置。http = require("http")等价于Flutter项目的import ' package:http/http.dart ' as http写法。

第2行到第7行代码定义了一个函数,作用是监听HTTP请求事件,并响应。其中第4行代码设置了响应头返回值为200,类型为纯文本类型;第5行设置了响应体为 Hello Node.js,第6行结束响应流。

第8行代码创建了一个http服务对象,createServer指定了请求监听函数为onRequest函数,服务器监听端口为8888,在开发环境中,建议这个端口范围设置为1024~65535之间的一个数字。

我们前面看到node server命令执行时会先输出第9行代码,然后服务一直处于请求监听状态。当我们在浏览器里输入http://localhost:8888时,意味着浏览器向本地8888端口发送了一个http请求,这时会自动触发onRequest函数体里的逻辑,即输出第3行代码,同时把第4行和第5行信息返回给请求者,所以我们在浏览器看到了 Hello Node.js 的输出结果。

我们可以看到在浏览器输入一个地址后,onRequest函数被调用了两次,这是大部分浏览器的一个默认行为,每个网站首次请求时,都需要向服务端先请求下载favicon.ico文件,favicon图标会显示在浏览器网址选项卡的左上角。

图18-5中server.js对应代码如下:

```
var http = require("http");
function onRequest(request, response) {
    console.log("收到客户端请求");
    response.writeHead(200, {"Content-Type": "text/plain"});
    response.write("Hello Node.js");
    response.end();
}
http.createServer(onRequest).listen(8888);
console.log("服务已启动");
```

18.4　Node.js模块化

编写稍大一点的程序时一般都会将代码模块化。在Node.js中,一般将代码合理拆分到不同的 JavaScripe 文件中,每一个文件就是一个模块,而文件路径就是模块名,类似于 Dart 的 package 机制。

一个模块中的 JavaScripeS 代码仅在模块第一次被使用时执行一次,并在执行过程中初始化模块的导出对象。之后,缓存起来的导出对象被重复利用。

通过命令行参数传递给 Node.js 以启动程序的模块被称为主模块。主模块负责调度组成整个程序的其他模块完成工作。

在编写每个模块时,都有 require、exports、module 三个预先定义好的变量可供使用。

require 函数用于在当前模块中加载和使用别的模块,传入一个模块名,返回一个模块导出对象。模块名可使用相对路径(以 ./开头),或者是绝对路径(以/或 C:之类的盘符开头)。另外,模块名中的 .js 扩展名可以省略。

exports 对象是当前模块的导出对象,用于导出模块公有方法和属性。其他的模块通过 require 函数使用当前模块时得到的就是当前模块的 exports 对象。

通过 module 对象可以访问到当前模块的一些相关信息,但最多的用途是替换当前模块的导出对象。

所有的 exports 收集到的属性和方法,都赋值给了 Module.exports。当然,这有个前提,就是 Module.exports 本身不具备任何属性和方法。如果,Module.exports 已经具备 些属性和方法,那么 exports 收集来的信息将被忽略。

我们使用 Node.js 模块化的方式重写 18.3 节的示例。新建一个 Node.js 项目,并命名为 hellomodule,然后新建立两个 js 文件:index.js 和 server.js,如图 18-7 所示。

index.js 文件的第 1 行代码 require 导入与它同级目录 server 模块的 exports 对象,即 startMe 函数。

server.js 文件的第 9 行代码 exports 只导出了它的一个 startMe 函数。

这个代码同 18.3 示例代码的功能完全一样,但它有利于代码的组织和复用。其中 server.js 的代码如下:

```javascript
var http = require("http");
function startMe() {
    function onRequest(request, response) {
        console.log("收到客户端请求");
    }
    http.createServer(onRequest).listen(8888);
    console.log("服务已启动");
}
exports.start = startMe;
```

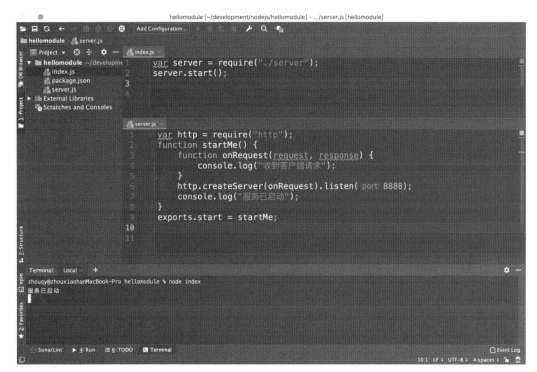

图 18-7 Node.js 模块化简单示例

index.js 的代码如下：

```
var server = require("./server");
server.start();
```

18.5 Hello Express

在 18.3 节和 18.4 节，我们展示了 Node.js 的 HTTP 服务能力，但对于功能复杂的项目，即使是使用了模块化方式，代码的实现效率还是会比较低。本节我们提供一种新的框架 Express 来实现更多 HTTP 服务支持。

Express 是一个精简的、灵活的 Node.js Web 程序框架，为构建单页、多页及混合的 Web 程序提供了一系列健壮的功能特性。

我们使用 WebStorm 新建一个 Node.js Express 项目，如图 18-8 所示。选择项目类型为 Node.js Express App 类型，如果 Express 安装正常的情况下，界面上都会有对应的版本号，如 4.16.1。View Engine 默认 Pug(Jade)，读者可以人工改为 None，因为这里我们只实现后端服务功能，不需要任何页面渲染展示功能。

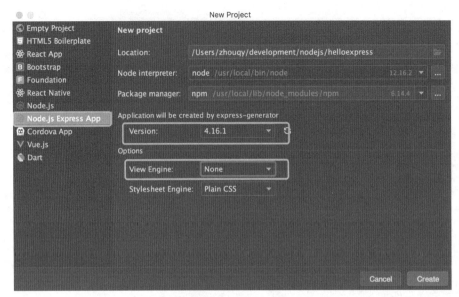

图 18-8   新建 Node.js Express App

点击右下角的 Create 按钮,生成一个默认的 Express 框架文件,如图 18-9 所示,文件个数和内容比较多,我们会在本章后续部分逐步介绍,读者现在可以先忽略。

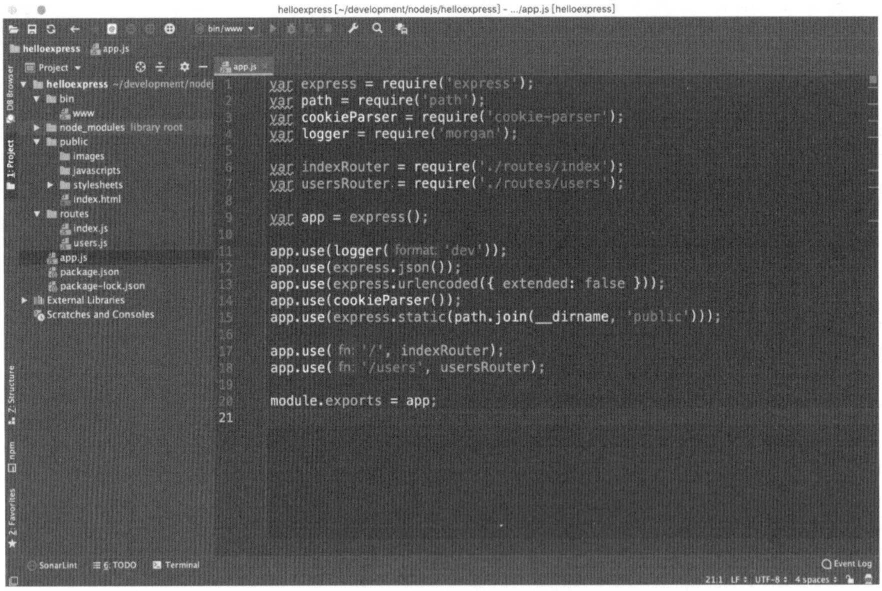

图 18-9   默认生成的 Express 框架项目

Express 项目默认的入口文件是 bin/www 文件。这个入口文件可以在 Node.js 项目 package.json 文件里指定,如图 18-10 中第 9 行所示。第 11 行定义引用了第三方 express 依赖包,它的引用方式类似于 Flutter 的 pubspec.yaml 文件。

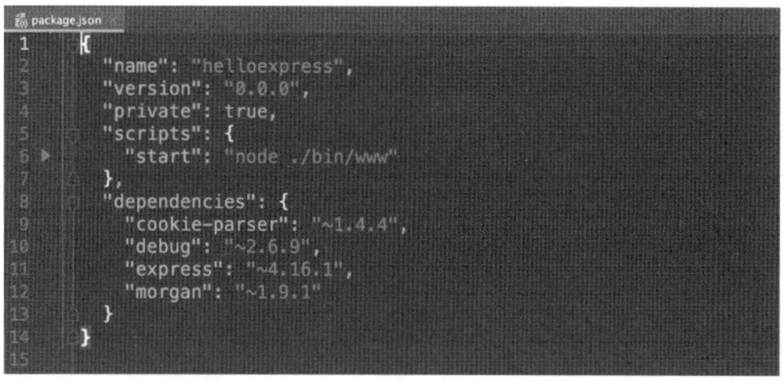

图18-10 package.json中的start配置

bin/www主要代码如图18-11所示,其中大部分代码我们都不需要修改。第15行配置了服务端监听代码,默认是3000,我们可以根据自己的需要进行修改,如修改为8888。

图18-11 bin/www文件内容

bin/www文件的第7行代码,引用了bin/www上一级的app.js文件。Express项目需要定制的部分可以先从app.js改起。

我们使用Express框架重写18.3节的示例,修改app.js内容如图18-12所示。

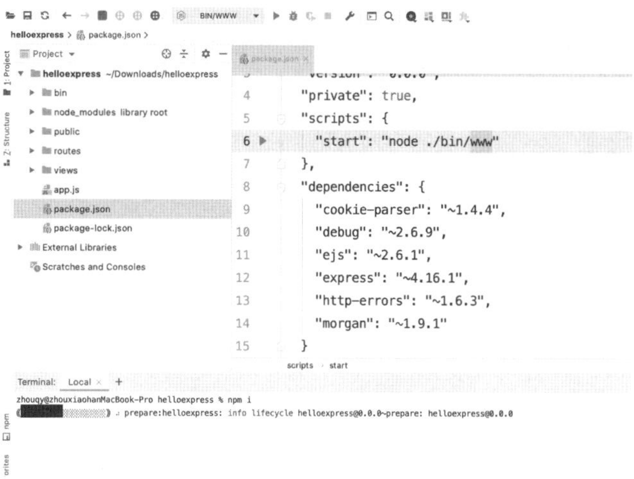

图18-12 安装项目依赖包

npm i命令执行完成后,会发现在Node.js项目node_modules目录下多了express的灰色文件夹,里面存储了与express的所有依赖文件。仔细观察的话,可以看到node_modules里还包括cookies-parser,debug等package.json里定义的第三方依赖包。

在终端执行命令node app.js,同时在浏览器打开运行 http://localhost:8888/,运行图18-13所示。

对照图18-6可以发现,使用Express框架可以用更简单的代码实现同样的功能。图18-6中第2行代码var app=express();代码实际上是调用了express模块下lib/express.js里的createApplication()函数,它返回了一个Express应用对象。如果读者想深入了解Express底层一些实现机制的话,可以参考下文:

https://www.sohamkamani.com/blog/2018/05/30/understanding-how-expressjs-works/。

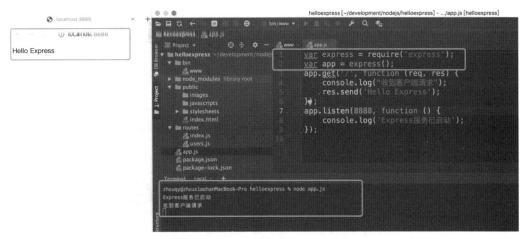

图18-13   一个简单的Express程序

就图18-13这个示例而言,默认Express项目框架生成的文件和文件夹,如bin/www、public、routes都可以删除。package.json的依赖包只保留"express":"~4.16.1"即可。app.js的代码如下:

```javascript
var express = require( ' express ' );
var app = express();
app.get( ' / ' , function （req, res） {
    console.log("收到客户端请求");
    res.send( ' Hello Express ' );
});
app.listen(8888, function （） {
    console.log( ' Express服务已启动 ' );
});
```

18.6 Hello Route

前面18.3节,18.4节以及18.5节的示例的功能很单一,只能通过http://localhost:8888的方式获取 Web 服务的数据响应。如果要支持更多功能的展示的话,则需要使用 Node.js 的路由机制。我们要为路由提供请求的 URL 和其他需要的 GET 及 POST 参数,随后路由需要根据这些数据来执行相应的代码。

Express 框架封装了 Node.js 路由,使路由的定义和使用更加方便。我们重新建立一个 Node.js ExpressApp,命名为 helloroute。我们来分析一下 Express 框架自动生成的 app.js 文件,它比18.5节例子中的 app.js 要复杂很多,当然实现的功能也多了一些。我们既可以通过命令行 npm start 的方式运行这个项目(实质上对应执行的是 node bin/www 命令),也可以通过工具栏的运行箭头执行,如图18-14矩形框所示区域。

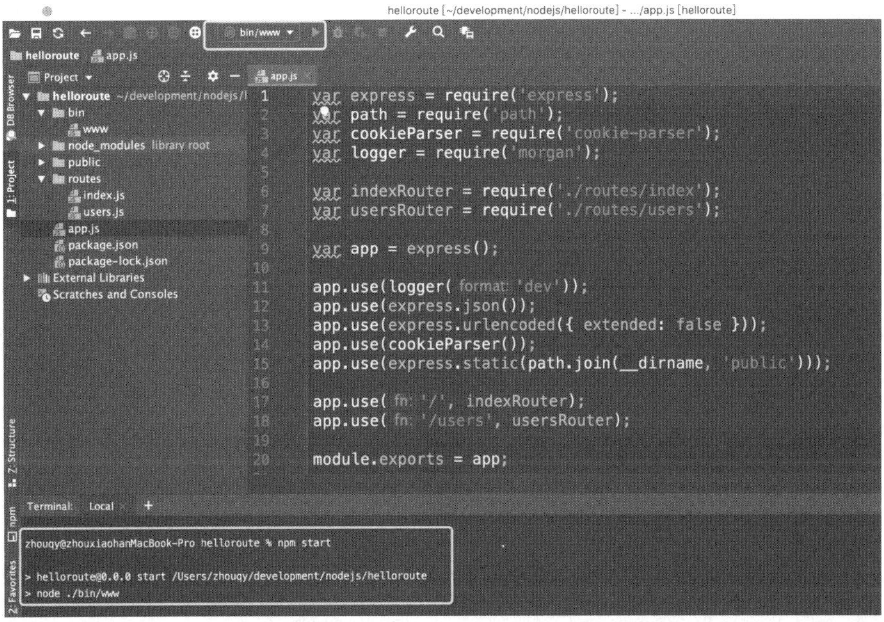

图18-14 运行一个默认生成的 Express 程序

我们简单介绍一下图18-14 app.js 有关路由的代码。第6行和第7行分别引用了两个 js 文件,然后再第17行和第18行定义两个路由地址。当在浏览器里浏览 http://localhost:3000/时,执行的是 routes/index.js 文件里的逻辑;浏览 http://localhost:3000/users 时,执行的是 routes/users.js 文件里的逻辑。具体运行效果如图18-15所示。

图18-15   Express程序路由效果展示

我们暂时先不对 index.js 和 user.js 代码展开详细解释,我们会在下一节中示例重新整理一下代码,最小化地聚焦我们关注的HTTP服务。

18.7   模拟Restful Web服务

我们在16.7简单介绍过了 Restful 服务,本节我们模拟建立一个注册和登录的 HTTP GET请求。重新建立一个 Node.js Express App,并命名为 hellorest。删除和修改一些文件和文件夹,最终的项目结构如图18-16所示。

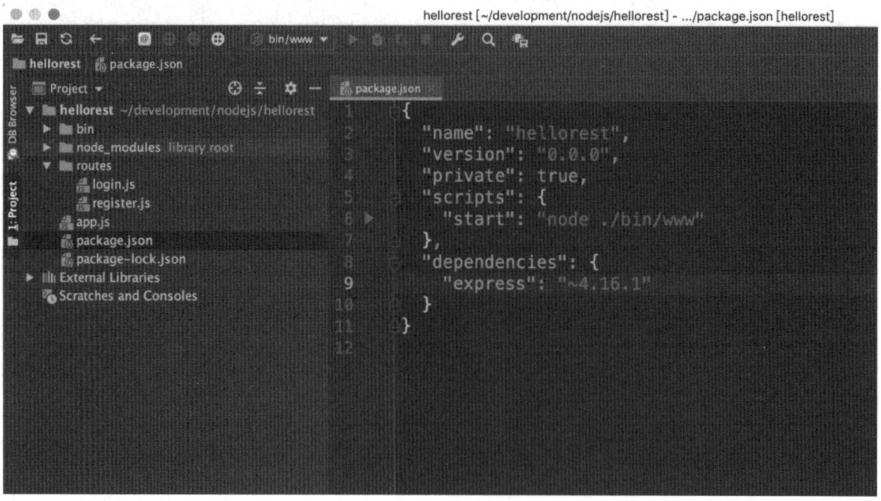

图18-16   模拟登录和注册的请求

图18-16中app.js代码如下:

```
var express = require( ' express ' );
var loginRouter = require( ' ./routes/login ' );
```

```
var registerRouter = require('./routes/register');
var app = express();
app.use(express.json());
app.use(express.urlencoded({ extended: false }));
app.use(' /login ', loginRouter);   //登录路由
app.use(' /register ', registerRouter);//注册路由
module.exports = app;
```

图 18-16 中 login.js 代码如下：

```
var express = require(' express ');
var router = express.Router();
router.get(' / ', function(req, res, next) {
  res.send(' login ');
});
module.exports = router;
```

图 18-16 中 register.js 代码如下：

```
var express = require(' express ');
var router = express.Router();
router.get(' / ', function(req, res, next) {
  res.send(' register ');
});
module.exports = router;
```

目前登录和注册的路由只是通过 res.send 返回客户端一个不同的字符串常量，并没有实际的业务价值。我们重新修改 login.js 如下：

```
var express = require('express');
var router = express.Router();
router.get('/', function(req, res, next) {
  res.send('name:'+req.query.name);
});
module.exports = router;
```

代码 res.send('name:'+req.query.name);将 HTTP GET 请求字符串中的参数 name 进

行字符串拼接后返回给客户端。

如我们在浏览器里访问：http://localhost:3000/login?name=groupones
可以看到图18-17的运行效果。

图18-17　HTTP GET请求字符串响应

注意：如果我们运行Node.js项目后，修改代码，需要先关闭掉之前的node进程后，然后再次运行Node.js项目。

req.query是Express框架封装的请求对象的一个子对象，用于包含以键值对存放的查询字符串参数。除此之外，Express请求对象还包括以下常用对象：

• req.params表示一个数组，包含命名过的路由参数；

• req.body表示一个对象，包含POST请求参数；

• req.cookies表示一个对象，包含从客户端传递过来的cookies值；

• req.headers表示从客户端接收到的请求报头。

而res.send是Express框架封装的响应对象的一个子对象，用于向客户端发送响应。除此之外，Express响应对象还包括以下常用对象：

• res.status(code)设置HTTP状态代码；

• res.cookie(name,vaue,[options])设置或清除客户端cookies值；

• res.send(status,body)向客户端发送响应及可选的状态码；

• res.json(json)向客户端发送JSON对象；

• res.status(status).json(obj)向客户端发送JSON对象以及可选的状态码。

如16.7节所述，对于Restful Web服务来说，JSON格式是常用的数据交换格式，我们修改register.js代码如下：

```javascript
var express = require('express');
var router = express.Router();
router.get('/', function(req, res, next) {
  res.json(200,{code:1,text:"注册成功"});
});
module.exports = router;
```

res.json(200,{code:1,text:"注册成功"});这个代码的输出效果如图18-18所示。

图 18-18 JSON 格式的响应返回

18.8 连接到数据库

18.7 节模拟了两个 HTTP GET 请求响应,我们还需要进一步将我们需要的数据持续地存储下来,本节我们采用开源免费的关系数据库 MySQL 用于存储数据。我们假定读者已经具备了数据库的基础知识。

跟之前的操作不同,在 18.7 节 hellorest 的基础上来增加一些代码和配置。首先我们将 hellorest 整个项目赋值一份,重命文件夹为 hellomysql。然后我们使用 WebStorm 打开 hellowmysql 项目,注意检查打开的目录下需要有 package.json 这个文件。我们需要把 package.json 文件里的 "name" : "hellorest",手工更改为 "name" : "hellomysql",以保证程序的友好,可维护。

Node.js 直接操作 MySQL 数据库并不是件容易的事情,我们使用比较成熟的 mysql2 中间件。mysql2 的介绍见:https://www.npmjs.com/package/mysql2。www.npmjs.com 的地位相当于 flutter 的 pub.dev,是 Node.js 依赖包中心仓库。

在 WebStorm 终端执行 npm i --save mysql2 命令后,就会自动地下载 mysql2 相关的依赖包到项目的 node_modules 目录下,同时 package.json 文件里也增加了一行 mysql2 的引用声明,如图 18-19 的矩形框所示。

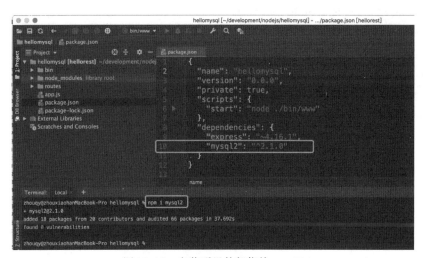

图 18-19 安装项目外部依赖 mysql2

读者也可以先编辑 package.json 文件,在 dependencies 节点里增加"mysql2":"^2.1.0",然后在项目 Terminal 终端中执行 npm i 命令,也会自动地下载 mysql2 相关的依赖包到项目的 node_modules 目录下。

我们在 MySQL5.7.27 里先创建一个数据库 groupones,并创建存储用户信息的表 user_info,创建表的 SQL 语句如下:

```sql
SET NAMES utf8mb4;
SET FOREIGN_KEY_CHECKS = 0;
DROP TABLE IF EXISTS 'user_info';
CREATE TABLE 'user_info' (
  'user_id' int(11) NOT NULL AUTO_INCREMENT,
  'user_name' varchar(10) COLLATE utf8_bin NOT NULL,
  'password' varchar(100) COLLATE utf8_bin NOT NULL,
  'picture_url' varchar(255) COLLATE utf8_bin DEFAULT NULL,
  PRIMARY KEY ('user_id')
)ENGINE=InnoDB AUTO_INCREMENT=1 DEFAULT CHARSET=utf8 COLLATE=
utf8_bin;
SET FOREIGN_KEY_CHECKS = 1;
```

我们先实现注册功能,修改 register.js 代码如下:

```javascript
var express = require('express');
var router = express.Router();
// get the client
const mysql = require('mysql2');
// create the connection to database
const connection = mysql.createConnection({
    host: '<mysql所在服务器IP地址>',
    port:3306,
    user: '******',
    password: '******',
    database: 'groupones'
});
router.get('/', function(req, res, next) {
    connection.execute(
        'INSERT INTO user_info (user_name,password) VALUES (?,?)',
        [req.query.name,req.query.password],
```

```
            function(err, results, fields) {
                if (err){
                    res.status(500).json({code:-1,text:err.sqlMessage});
                }else{
                        if(results&&results.affectedRows>0){
                                res.status(200).json({code:1,text:"注册成功"});
                        }else{
                                res.status(200).json({code:0,text:"注册失败"});
                        }
                }
            }
        );
    });
    module.exports = router;
```

mysql.createConnection()用于建立一个数据库连接,其中host,user,password属性出于安全考虑,都做了脱敏处理。读者需要自行替换成自己数据库的实际设置参数。

connection.execute负责执行一条SQL语句,执行后会自动调用它的参数回调函数function(err, results, fields),这是Node.js里典型的用法。

'INSERT INTO user_info (user_name,password) VALUES (?,?)',[req.query.name,req.query.password],两个问号代表占位符,分别使用查询字符串的name和password的值来代替。

运行以上程序后,我们在浏览器里输入:http://localhost:3000/register?name=groupones&password=123456,查看数据库表user_info可以看到新增加了一条记录(此时上述代码中的results.affectedRow=1),且浏览器内显示{code:1,text:"注册成功"}),如图18-20所示。这里为了演示功能方便,这里的password我们使用了明码的方式,在实际项目中这种方式是禁止的。

user_id	user_name	password	picture_url
1	groupones	123456	(NULL)

图18-20　注册逻辑数据库插入效果

接下来我们完善login.js逻辑实现登录的效果,修改后的代码如下:

```
var express = require('express');
var router = express.Router();
```

```
const mysql = require('mysql2');
const connection = mysql.createConnection({
  host: ' <mysql所在服务器IP地址> ',
  port: 3306,
  user: ' ****** ',
  password: ' ****** ',
  database: ' groupones '
});
router.get('/', function(req, res, next) {
  connection.execute(
      ' SELECT * FROM user_info WHERE user_name=? AND password=? ',
      [req.query.name,req.query.password],
      function(err, results, fields) {
        if (err){
          res.status(500).json({code:-1,text:err.sqlMessage});
        }else{
          if(results&&results.length>0){
            res.status(200).json({code:1,text:"登录成功"});
          }else{
            res.status(200).json({code:0,text:"登录失败"});
          }
        }
      }
  );
});
module.exports = router;
```

我们在浏览器中分别输入以下两个地址模拟登录成功和登录失败的情况：

http://localhost:3000/login?name=groupones&password=123456

http://localhost:3000/login?name=groupones&password=1234567

实际显示效果如图 18-21 所示。

图18-21　登录成功和登录失败示例

对比 register.js 主要代码不同点有两个：一个是 SELECT 语句的问号写法同 INSERT 语句的问号写法不同，另外一个是 SELECT 使用 results.length 判断是否执行有效，而 INSERT 语句使用 results.affectedRow 判断执行是否有效。

18.9　打包发布

至此，我们已经完成了一个最小集的基于 Node.js Express 框架的 Restful Web 服务构建的完整过程，最后我们来讲下如何发布 Node.js 项目到有公网 IP 的服务器上。以 Windows Server 为例，打包和发布步骤如下：

（1）在服务器端安装与开发环境下相同版本的 Node.js 环境；

（2）服务器端安装 MySQL 关系数据库，建立库表和访问用户；

（3）删除本地 Node.js 项目里的 node_modules 整个目录后上传服务器；

（4）在服务器命令行模式下，进入到 Node.js 项目根目录（package.json 文件所在目录）；

（5）执行 npm i 命令，安装 Node.js 项目的依赖包；

（6）执行 npm start 命令，启动 Node.js 项目。

客户端调用接口地址更改为服务器接口地址，类似于以下的形式：

http://47.98.146.46:3000/login?name=groupones&password=123456

18.10　实验十三

基于之前 Flutter 实验基础，实现一个简单的登录和注册功能，通过 Node.js Express 框架实现登录和注册的接口服务，并将用户信息存储到数据库中。要求 Restful 的 HTTP 方法为 POST，而不是 GET。

提示：

（1）因为需要使用 POST 方法，因此需要将之前路由文件里的 router.get 写法改为 router.post。

（2）在浏览器里模拟一个 POST 请求，并不是很方便，我们可以安装 Chrome 浏览器扩展请求插件 Postman，链接地址：

https://chrome.google.com/webstore/detail/postman-interceptor/aicmkgpgakddgnaphhhpliifpcfhicfo? hl=zh-CN 或者是下载 Postman 的桌面版 https://www.postman.com / Postman，PostMan 的使用方法网上有很多介绍，我们这里不再赘述。

学习参考

Flutter及相关技术体系发展迅速,建议读者少用百度,多看官方文档,多阅读英文技术文档。

这里提供读者一些与Flutter相关的学习网站,希望对读者深入持续学习Flutter有所帮助。

• Flutter开发文档(官方英文)

地址:https://flutter.dev

• Flutter开发文档(官方汉化)

地址:https://flutter.cn/docs

• Flutter Widgets示例

地址:https://flutter.github.io/samples/#/

• Dart开发语言(官方部分汉化)

地址:https://dart.cn/guides

• Dart&Flutter packages 国内镜像

地址:https://pub.flutter-io.cn/

• Flutter中文网

地址:https://flutterchina.club/

• Flutter GO 中文网

地址:https://flutter-go.pub/website

• 安卓开发(官方中文,有墙)

地址:https://developer.android.com/about?hl=zh-cn

• Gradle文档(官方英文)

地址:https://docs.gradle.org/current/userguide/userguide.html

• Node.js英文官方

地址: https://nodejs.dev/

• Node.jsAPI中文文档

地址:http://nodejs.cn/api/

我们同时提供读者一些Flutter开发中常见的一些依赖包,并保留它们最原始的官方解释。

• provider用于状态管理

A mixture between dependency injection (DI) and state management, built with widgets for widgets.

•http 用于网络数据通信

This package contains a set of high-level functions and classes that make it easy to consume HTTP resources. It's platform-independent, and can be used on both the command-line and the browser.

•path 用于各种路径操作

A comprehensive, cross-platform path manipulation library for Dart. The path package provides common operations for manipulating paths: joining, splitting, normalizing, etc.

•path_provider 用于查找文件系统上常用位置

A Flutter plugin for finding commonly used locations on the filesystem. Supports iOS and Android.

•dio 用于网络数据通信

A powerful Http client for Dart, which supports Interceptors, Global configuration, FormData, Request Cancellation, File downloading, Timeout etc.

•shared_preferences 提供数据持久存储

Wraps NSUserDefaults (on iOS) and SharedPreferences (on Android), providing a persistent store for simple data. Data is persisted to disk asynchronously.

•sqflite 提供数据持久存储

SQLite plugin for Flutter. Supports iOS, Android and MacOS.

1.Support transactions and batches

2.Automatic version management during open

3.Helpers for insert/query/update/delete queries

4.DB operation executed in a background thread on iOS and Android

•flutter_bloc 用于状态管理,实现 BLoC 模式

A Flutter package that helps implement the BLoCpattern. This package is built to work with bloc.

•json_serializable 用于将 Dart 类转换为 JSON 对象

Provides Dart Build System builders for handling JSON. The builders generate code when they find members annotated with classes defined in package:json_annotation.

•flutter_launcher_icons 用于更新 Flutter 应用程序启动器图标

A command-line tool which simplifies the task of updating your Flutter app's launcher icon. Fully flexible, allowing you to choose what platform you wish to update the launcher icon for and if you want, the option to keep your old launcher icon in case you want to revert back sometime in the future.